高职高专自动化类"十二五"规划教材

编审委员会

高职高专自动化类"十二五"规划教材

自动化生产线技术

吴明亮　樊明龙　主编

化学工业出版社

·北京·

内 容 提 要

本教材主要内容包括：自动化生产线的认识；自动化生产线的控制单元（包括机械传动机构、传感器、气动控制单元、执行机构、人机界面及组态技术、可编程控制器、工业控制计算机、现场总线技术、变频器、PLC 通信技术）；YL-335B 自动化生产线安装与调试等内容。

本教材的主要特点是系统地介绍了自动化生产线的核心技术，同时兼顾了教育部组织的全国职业院校技能大赛自动化生产线安装与调试竞赛项目的要求，以全国职业院校技能大赛自动化生产线安装与调试指定的典型工作任务为载体，教学内容从理论到实践，循序渐进，通俗易懂。

本书适合作为高职高专机电一体化技术、电气自动化等相关专业的教材，也可作为相关工程技术人员研究自动化生产线的参考书。

图书在版编目（CIP）数据

自动化生产线技术/吴明亮，樊明龙主编．—北京：
化学工业出版社，2011.8（2022.4 重印）
高职高专自动化类"十二五"规划教材
ISBN 978-7-122-11997-1

Ⅰ. 自… Ⅱ. ①吴…②樊… Ⅲ. 自动生产线-高等
职业教育-教材 Ⅳ. TP278

中国版本图书馆 CIP 数据核字（2011）第 152572 号

责任编辑：廉　静　张建茹　刘　哲　　　　　文字编辑：吴开亮
责任校对：陈　静　　　　　　　　　　　　　装帧设计：尹琳琳

出版发行：化学工业出版社（北京市东城区青年湖南街 13 号　邮政编码 100011）
印　　装：涿州市般润文化传播有限公司
787mm×1092mm　1/16　印张 10¼　字数 250 千字　2022 年 4 月北京第 1 版第 9 次印刷

购书咨询：010-64518888　　　　　　　　　　售后服务：010-64518899
网　　址：http://www.cip.com.cn
凡购买本书，如有缺损质量问题，本社销售中心负责调换。

定　　价：29.00 元

前　言

高职高专教材建设是高职院校教学改革的重要组成部分，2009 年全国化工高职仪电类专业委员会组织会员学校对近百家自动化类企业进行了为期一年的广泛调研。2010 年 5 月在杭州召开了全国化工高职自动化类规划教材研讨会。参会的高职院校一线教师和企业技术专家紧密围绕生产过程自动化技术、机电一体化技术、应用电子技术及电气自动化技术等自动化类专业人才培养方案展开研讨，并计划通过三年时间完成自动化类专业特色教材的编写工作。主编采用竞聘方式，由教育专家和行业专家组成的教材评审委员会于 2011 年 1 月在广西南宁确定出教材的主编及参编，众多企业技术人员参加了教材的编审工作。

本套教材以《国家中长期教育改革和发展规划纲要》及 2006 年教育部《关于全面提高高等职业教育教学质量的若干意见》为编写依据。确定以"培养技能，重在应用"的编写原则，以实际项目为引领，突出教材的应用性、针对性和专业性，力求内容新颖，紧跟国内外工业自动化技术的最新发展，紧密跟踪国内外高职院校相关专业的教学改革。

自动化生产线技术是现代工业必不可少的控制技术。掌握自动化生产线的核心技术，熟悉自动化生产线的安装调试方法，是每一位机电类专业技术人员必须具备的基本能力之一。

本书以能力培养为目标，力求突出自动化生产线技术的实用性，系统地介绍了自动化生产线的核心技术，同时兼顾了教育部组织的全国职业院校技能大赛自动化生产线安装与调试竞赛项目的要求，以全国职业院校技能大赛自动化生产线安装与调试指定的典型工作任务为载体，从实际应用角度出发组织教材内容，形成了独特的模块式内容体系，主要内容如下。

模块一：自动化生产线的认识，为读者了解自动化生产线技术、进一步学习自动化生产线进行必要的准备。

模块二：自动化生产线的控制单元，介绍了机械传动机构、传感器、气动控制单元、执行机构、人机界面及组态技术、可编程控制器、工业控制计算机、现场总线技术、变频器、PLC 通信技术，为进一步深入学习模块三提供基础。

模块三：YL-335B 自动化生产线安装与调试，对 YL-335B 自动化生产线各组成单元进行了详细的阐述，力求达到学生毕业后能够胜任自动化生产线的安装与调试工作，同时达到教育部组织的全国职业院校技能大赛自动化生产线安装与调试竞赛项目的要求。

本书由吴明亮、樊明龙担任主编，由吴明亮统稿。其中模块二中 2.1～2.6 由吴明亮编写，模块一以及模块二中 2.7、2.8 由樊明龙编写，模块二中 2.9、2.10 由殷晓安编写，模块三由陈冬编写。

本书在编写过程中参阅了大量同行专家的相关书籍以及网上资源，在此向原作者表示衷心的感谢。

由于编者水平有限，书中难免有疏漏之处，恳请读者批评指正。

全国化工高职仪电类专业委员会

2011.7

目　　录

模块一　自动化生产线的认识

【学习目标】

　　① 了解自动化制造系统和自动化生产线的定义，各种自动化制造系统的基本形式、特点及适用范围，自动化制造系统的评价指标。

　　② 了解自动化生产线的组成、特点和类型，自动化生产线应用现状等。

1.1　工业生产自动化概述

1.1.1　自动化技术的发展

　　人的一切活动都是为了生存和发展。古代人靠人力与自然作斗争，人类的生产和生活模式是：人-自然界。随着社会和科学技术的发展，人类制造出了自动机器，如中国的指南车、计里鼓、漏壶，以及 17 世纪欧洲出现的钟表、风车控制装置等。1784 年瓦特在改进的蒸汽机上采用了离心式调速装置，开创了自动化装置应用的新篇章。应用自动装置把人的力量放大了千万倍，把人的四肢延长了千万倍，使人类的生活和生产模式变成了人-机器-自然界。当然，这样的发展结果并不是一帆风顺的。机械化和初级自动化促进了生产力的大发展，使无数农民、手工业者变成了工人，出现了机器大工业。人用自己制造的机器（和技术）把自己从"出力的机器"的地位上解脱了出来。人和机器、技术和实践交替地发展，推动着技术进步，推动着整个人类的进步。而社会的进步又促进了自动化技术的发展，社会的需要是自动化技术发展的动力。

　　20 世纪 40 年代，为解决火炮射击精度等问题，诞生了自动控制理论，并创造出了许多自动控制装置（或系统），为自动化技术的形成奠定了基础。研究自动控制系统的构造、性能、设计方法以及应用的理论，就是控制理论。20 世纪 40～50 年代，单机自动化和单个过程自动化得到了广泛的应用。

　　20 世纪 50 年代以后，自动控制理论得到了飞速的发展，形成了现代控制理论。其中有保证系统某种（某些）性能指标为最佳的设计方法（最优控制）；在系统和环境的信息不齐备的情况下，如何改变自身性能，保证系统具有良好工作品质的控制方法（自适应控制）；分析和设计大系统的方法（大系统理论）。

　　20 世纪 60 年代以后，由于控制技术的发展、电子计算机的崛起、工业机器人的问世，以及柔性制造系统的出现，综合自动化得到了极大的发展。

　　在当今的社会里，在家庭、办公室、工厂、公共场所，不论是工作、学习和休息，可以说处处都离不开自动化设备。人类发展了自动化技术，它反过来又为人类建立了新的、完美的、先进的生产和生活方式。然而，人们对此却有一个认识过程。20 世纪 50 年代，美国有一个以反对自动化为宗旨的革命委员会，声称如果无节制地发展自动化，到 1970 年将使美国失去 700 万个就业机会。但是，随着经济、科学技术的发展，到 1970 年前后，美国反而增加了几百万个就业机会。同样在机器人问世以后，许多国家由于担心大量使用机器人会使工人失业，推迟了机器人的研究，而日本却在同期大量发展了工业机器人，结果使它的机器人业、汽车、机床以及其他一些产业得到了极大发展。可以说，在当前竞争激烈的时代，发展现代自动化技术可以赢得企业竞争的胜利。

发展现代自动化技术，用智能机器代替人的部分脑力劳动，使人的生产和生活模式变成了人-机器/智能机器-自然界。自动化水平越高，机器就越复杂，这就需要人去提高自己的素质，去创造、去研究、去发展新的设备和技术，这正是人为万物之灵的关键所在，这也是人类自身不断发展的关键所在。

1.1.2　自动化的概念

通俗地说，自动化就是用机器设备或系统代替人完成某种生产任务，或者代替人实现某种过程，或代替人进行事务管理工作。严格一点说，自动化就是指在没有人的直接参与下，机器设备或生产管理过程通过自动检测、信息处理、分析判断自动地实现预期的操作或某种过程。自动化技术包括了生产控制自动化和经营管理自动化两个方面，它们相互联系、相互渗透、相互促进。

自动控制系统是具有一定功能，可以完成某种控制任务的系统。自动控制系统的组成和工作原理与人体的构成和工作机理有很多相似之处。自动控制系统中有相当于人的感觉器官的传感器，有相当于人的大脑和神经系统的控制装置，也有相当于人的手、腿及其肌肉的执行机构。传感器用于检测指令信息、外界变化信息以及被控对象的状态信息，并将其变换成电信号传给控制装置。控制装置则计算出被控对象的当前状态（称为被控量或系统的输出量）与所希望的状态（称为输入信号）之差，并根据这一偏差（称为误差信号）按一定规律产生出控制信号，然后经过放大，送给操作执行机构。操作执行机构用于驱动被控对象运动，直到它的状态达到所希望的状态为止。这种把系统的输出或系统的另外一些受控变量和系统的输入作比较后形成的控制称为闭环控制或反馈控制，如图1-1所示。较简单的控制系统常采用所谓的开环控制，如图1-2所示，它只是由控制装置改变被控对象的状态。这种控制中，系统的输出量对系统的控制作用没有影响，既不需要对输出量进行检测，也不需要将输出量反馈到系统输入端与输入量进行比较。有的自动控制系统包括了许多小系统（称为子系统）。这种系统规模庞大，构造复杂，目标多样，影响因素多，且常带有随机性质。这样的系统称为大系统。

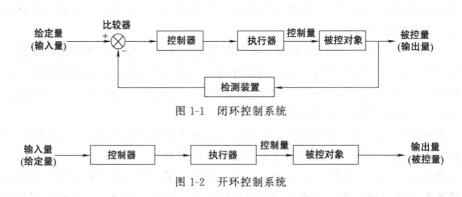

图 1-1　闭环控制系统

图 1-2　开环控制系统

自动化技术在机械加工、采矿冶炼、化学工业、电力系统、交通运输、农业生产、环境保护、医药卫生、军事技术、航空航天、科学研究、办公服务等领域都得到了广泛的应用。

1.1.3　工业生产自动化

工业生产自动化是在工业生产中广泛采用各种自动控制、自动检测和自动调整装置，对生产过程进行自动测量、检验、计算、控制、监视等，以代替人来操纵机器设备。工业自动化当前发展的特征是智能化和集成化。也就是，一方面制造和应用智能机器（如电脑和机器人）代替人的体力劳动和部分脑力劳动，实现高水平自动化生产；另一方面，综合运计算机、制造技术、控制技术、电子技术、通信技术和管理科学等学科知识，采用设备集成、信息集成实现规划设计、生产制造、管理销售等功能的集成。

自动化是生产机械化的更高阶段，也是工业技术现代化的基本方向之一。按其发展分为三个阶段。

① 半自动化。即部分采用人工操作，部分采用自动控制进行生产。

② 全盘自动化。也称自动化生产线，指全部工序过程自动化。

③ 综合自动化。即从原料进厂直到产品出厂，包括加工、包装、打标记等整个过程的自动化，也是企业管理自动化的主要内容。工业生产自动化可减轻工人劳动强度，减少操作工人人数，生产连续，产品质量稳定，劳动生产率高；但投资费用较大，耗能量高，更换品种规格较困难，要求有较高的管理水平和文化技术素质。一般多用于产品结构较先进、工艺稳定、批量大、需要节约大量劳动力的工业生产，以及危险性生产活动。

1.2　自动化制造系统

1.2.1　自动化制造系统的定义

自动化制造系统是指在较少的人工直接或间接干预下，使用具有一定柔性和自动化水平的多种设备将原材料加工成零件或将零件组装成产品，同时在加工过程中实现管理过程和工艺过程自动化。管理过程包括产品的优化设计；程序的编制及工艺的生成；设备的组织及协调；材料的计划与分配；环境的监控等。工艺过程包括工件的装卸、储存和输送；刀具的装配、调整、输送和更换；工件的切削加工、排屑、清洗和测量；切屑的输送，切削液的净化处理等。

1.2.2　自动化制造系统的形式及适用范围

自动化制造系统的形式包括刚性制造和柔性制造两种（图 1-3）。"刚性"的含义是指该生产线只能生产某种或生产工艺相近的某类产品，表现为生产产品的单一性。刚性制造包括组合机床、专用机床、刚性自动化生产线等。"柔性"是指生产组织形式和生产产品及工艺的多样性和可变性，可具体表现为机床的柔性、产品的柔性、加工的柔性、批量的柔性等。柔性制造包括柔性制造单元（FMC）、柔性制造系统（FMS）、柔性制造线（FML）、柔性装配线（FAL）、计算机集成制造系统（CIMS）等。

1.2.2.1　刚性自动化生产线

（1）刚性半自动化单机

除上下料外，机床可以自动地完成单个工艺过程的加工循环，这样的机床称为刚性半自动化机床。这种机床一般是机械或电液复合控制式组合机床和专用机床，可以进行多面、多轴、多刀同时加工，加工设备按工件的加工工艺顺序依次排列；切削刀具由人工安装、调整，实行定时强制换刀，如果出现刀具破损、折断，可进行应急换刀。例如单台组合机床、通用多刀半自动车床、转塔车床等。从复杂程度讲，刚性半自动化单机实现的是加工自动化的最低层次，但是投资少、见效快，适用于产品品种变化范围和生产批量都较大的制造系统。缺点是调整工作量大，加工质量较差，工人的劳动强度也大。

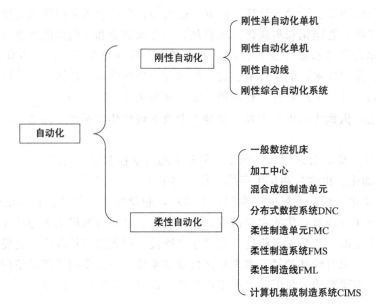

图 1-3   自动化制造系统分类

（2）刚性自动化单机

它是在刚性半自动化单机的基础上增加自动上、下料等辅助装置而形成的自动化机床。辅助装置包括自动工件输送、上料、下料、自动夹具、升降装置和转位装置等。切屑处理一般由刮板器和螺旋传送装置完成。这种机床实现的也是单个工艺过程的全部加工循环。这种机床往往需要定做或改装，常用于品种变化很小，但生产批量特别大的场合。主要特点是投资少、见效快，但通用性差，是大量生产最常见的加工装备。

（3）刚性自动化生产线

刚性自动化生产线是多工位生产过程，用工件输送系统将各种自动化加工设备和辅助设备按一定的顺序连接起来，在控制系统的作用下完成单个零件加工的复杂大系统。在刚性自动化生产线上，被加工零件以一定的生产节拍，顺序通过各个工作位置，自动完成零件预定的全部加工过程和部分检测过程。因此，与刚性自动化单机相比，它的结构复杂，任务完成的工序多，所以生产效率也很高，是少品种、大量生产必不可少的加工装备。除此之外，刚性自动生产线还具有可以有效缩短生产周期，取消半成品的中间库存，缩短物料流程，减少生产面积，改善劳动条件，便于管理等优点。它的主要缺点是投资大，系统调整周期长，更换产品不方便。为了消除这些缺点，人们发展了组合机床自动化生产线，可以大幅度缩短建线周期，更换产品后只需更换机床的某些部件即可（例如可更换主轴箱），大大缩短了系统的调整时间，降低了生产成本，并能收到较好的使用效果和经济效果。组合机床自动化生产线主要用于箱体类零件和其他类型非回转体的钻、扩、铰、镗、攻螺纹和铣削等工序的加工。刚性自动化生产线目前正在向刚柔结合的方向发展。

刚性自动化生产线生产率高，但柔性较差，当加工工件变化时，需要停机、停线并对机床、夹具、刀具等工装设备进行调整或更换（如更换主轴箱、刀具、夹具等），通常调整工作量大，停产时间较长。

1.2.2.2   柔性自动化生产线

随着科技、生产的不断进步，市场竞争的日趋激烈，以及人们生活需求的多样化，产品品种规格将不断增加，产品更新换代的周期将越来越短，无论是国际还是国内，多品种、中小批量生产的零件仍占大多数。为了解决机械制造业多品种、中小批量生产的自动化问题，除了用计算机控制单个机床及加工中心外，还可借助于计算机把多台数控机床连接起来组成一个柔性自动化生产线。

柔性自动化生产线就是由计算机控制的，以数控机床设备为基础和以物料储运系统连成的，能形成没有固定加工顺序和节拍的自动加工制造系统。它的主要特点如下。

- 高柔性：即具有较高的灵活性、多变性，能在不停机调整的情况下，实现多种不同工艺要求的零件加工和不同型号产品的装配，满足多品种、小批量的个性化加工需求。
- 高效率：能采用合理的切削用量实现高效加工，同时使辅助时间和准备终结时间减小到最低的程度。
- 高度自动化：加工、装配、检验、搬运、仓库存取等，使多品种成组生产达到高度自动化，自动更换工件、刀具、夹具，实现自动装夹和输送，自动监测加工过程，有很强的系统软件功能。
- 经济效益好：柔性化生产可以大大减少机床数目、减少操作人员、提高机床利用率，可以缩短生产周期、降低产品成本，可以大大削减零件成品仓库的库存，大幅度地减少流动资金，缩短资金的流动周期，因此可取得较高的综合经济效益。

（1）柔性自动化生产线的组成

一个柔性自动化生产线可概括为由以下三部分组成，即多工位数控加工系统、自动化的物料储运系统和计算机控制的信息系统，如图 1-4 所示。

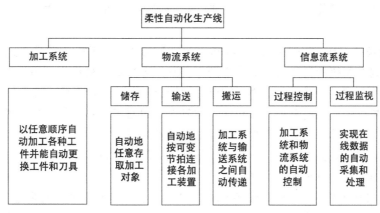

图 1-4　自动化生产线构成图

① 加工系统　加工系统的功能是以任意顺序自动加工各种工件，并能自动地更换工件和刀具。通常由若干台加工零件的 CNC 机床和 CNC 板材加工设备以及操纵这种机床要使用的工具所构成。在加工较复杂零件的 FMS 加工系统中，由于机床上机载刀库能提供的刀具数目有限，除尽可能使产品设计标准化，以便使用通用刀具和减少专用刀具的数量外，必要时还需要在加工系统中设置机外自动刀库以补充机载刀库容量的不足。

② 物流系统　柔性自动化生产线中的物流系统与传统的自动线或流水线有很大的差别，整个工件输送系统的工作状态是可以进行随机调度的，而且都设置有储料库以调节各工位上加工时间的差异。物流系统包含工件的输送和储存两个方面。

工件输送包括工件从系统外部送入系统和工件在系统内部传送两部分。目前，大多数工件的送入系统和在夹具上装夹工件仍由人工操作，系统中设置装卸工位，较重的工件可用各种起重设备或机器人搬运。工件输送系统按所用运输工具可分成自动输送车、轨道传送系统、带式传送系统和机器人传送系统四类。

工件的存储。在柔性自动化生产线中的物料系统中，设置适当的中央料库和托盘库及各种形式的缓冲储存区来进行工件的存储，保证系统的柔性。

③ 信息流系统。信息流系统包括过程控制及过程监视两个子系统，其功能主要是进行加工系统及物流系统的自动控制，以及在线状态数据自动采集和处理。FMS 中信息由多级计算机进行处理和控制。

（2）柔性自动化生产线的类型及其适应范围

柔性自动化生产线一般可以分为柔性制造单元、柔性制造系统、柔性制造线和无人化自动工厂几种类型。

① 柔性制造单元（flexible manufacturing cell，FMC） 由 1、2 台数控机床或加工中心并配备有某种形式的托盘交换装置、机械手或工业机器人等夹具的搬运装置组成，由计算机进行适时控制和管理。是一种带工件库和夹具库的加工中心设备，FMC 能够加工多品种的零件，同一种零件数量可多可少，特别适合于多品种、小批量零件的加工。

② 柔性制造系统（flexible manufacturing system，FMS） 柔性制造系统由两个以上柔性制造单元或多台加工中心组成（4 台以上），并用物料储运系统和刀具系统将机床连接起来，工件被装夹在随行夹具和托盘上，自动地按加工顺序在机床间逐个输送。适合于多品种、小批量或中批量复杂零件的加工。柔性制造系统主要应用的产品领域是汽油机、柴油机、机床、汽车、齿轮传动箱、武器等。加工材料中铸铁占的比例较大，因此其切屑较容易处理。

③ 柔性制造线（flexible manufacturing line，FML） 生产零件批量较大而品种较少的情况下，柔性制造系统的机床可以完全按照工件加工顺序而排列成生产线的形式。这种生产线与传统的刚性自动生产线不同之处在于能同时或依次加工少量不同的零件，当零件更换时，其生产节拍可作相应的调整，各机床的主轴箱也可自行进行更换。较大的柔性制造系统由两个以上柔性制造单元或多台数控机床、加工中心组成，并用一个物料储运系统将机床连接起来，工件被装夹在夹具和托盘上，自动地按加工顺序在机床间逐个输送。根据加工需要自动调度和更换刀具，直至加工完毕。

④ 无人化自动工厂（automation factory，AF） 在一定数量的柔性制造系统的基础上，用高一级计算机把它们连接起来，对全部生产过程进行调度管理，加上立体仓库和运用工业机器人进行装配，就组成了生产的无人化自动工厂。日本近年来出现了采用柔性制造系统的无人化自动工厂。无人搬运车从原材料自动仓库将毛坯运至加工站，然后由机械手完成机床工作地的装卸工作。机床在加工过程中有监视装置。加工完毕后转入零件和部件自动仓库，并能自动完成产品的装配工作。对这种工厂来说，由于生产的高度自动化，白天在车间中只有几十名工人，夜班时在车间中没有工人，只有一个人在控制室内，而所有机床能在夜间无人照管下加工零件。这样在一天 24 小时中机床的可用时间接近 100%，而机床的实际利用率平均达到 65%～70%，它可以显著地提高投资效益。

应当指出，柔性自动化生产线的投资是很大的。柔性自动化生产线带来的经济效益，如减少机床数、减少操作人员、提高机床利用率、缩短生产周期、降低产品成本等，是巨大的。但上述经济效益能否使投资在短期内回收，将是采用柔性自动化生产线进行决策的一个重要依据。因而国外从 20 世纪 70 年代起就一直在研究和开发柔性自动化生产线的模拟技术，使在新系统建立（或老系统的改造）之前，借助于计算机上的系统模拟，以便找到最优的系统构成。

（3）计算机集成制造系统

① CIMS 的概念　计算机集成制造系统（computer intergrated manufacturing system, CIMS）是一种集市场分析、产品设计、加工制造、经营管理、售后服务于一体，借助于计算机的控制与信息处理功能，使企业运作的信息流、物质流、价值流和人力资源有机融合，实现产品快速更新、生产率大幅提高、质量稳定、资金有效利用、损耗降低、人员合理配置、市场快速反馈和良好服务的全新的企业生产模式。

CIMS 的概念包含以下两个基本观点。

• 系统的观点　企业生产的各个环节，即从市场分析、产品设计、加工制造、经营管理到售后服务的全部生产活动是一个不可分割的整体，要紧密连接，统一考虑。

• 信息化的观点　整个生产过程实质上是一个数据的采集、传递和加工处理的过程，最终形成的产品可以看做是数据的物质表现。

由此可知，CIMS 的内涵可以表述为：CIMS 是一种组织、管理与运行企业的哲理，它将传统的制造技术与现代信息技术、管理技术、自动化技术、系统工程技术等有机结合，借助计算机（硬、软件），使企业产品的生命周期（市场需求分析→产品意义→研究开发→设计→制造→支持，包括质量、销售、采购、发送、服务以及产品最后报废、环境处理等）各阶段活动中有关的人、组织、经费管理和技术等要素及信息流、物流和价值流有机集成并优化运行，实现企业制造活动中的计算机化、信息化、智能化、集成优化，以达到产品上市快、高质量、低消耗、服务好、环境清洁，提高企业的柔性、健壮性、敏捷性，使企业在市场竞争中立于不败之地。

② CIMS 系统的组成　CIMS 是一项发展中的技术，它的组成还没有统一的模式。但是根据前面所述的概念，可以认为 CIMS 是由以下六大系统组成的。

• 集成化工程设计与制造系统（CAD/CAE/CAPP/CAM）。

• 集成化生产管理信息系统（CAPM 或 MIS）。

• 柔性制造系统（FMS/FMC）。

• 数据库与网络（DB 与 NW）。

• 质量保证系统（QCS）。

• 物料储运和保障系统。

③ CIMS 的关键技术　CIMS 是传统制造技术、自动化技术、信息技术、管理科学、网络技术、系统工程技术综合应用的产物，是复杂而庞大的系统工程。CIMS 的主要特征是计算机化、信息化、智能化和高度集成化。目前各个国家都处在局部集成和较低水平的应用阶段，CIMS 所需解决的关键技术主要有信息集成、过程集成和企业集成等问题。

• 信息集成　针对设计、管理和加工制造的不同单元，实现信息正确、高效的共享和交换，是改善企业技术和管理水平必须首先解决的问题。信息集成的首要问题是建立企业的系统模型。利用企业的系统模型来科学地分析和综合企业的各部分的功能关系、信息关系和动态关系，解决企业的物质流、信息流、价值流、决策流之间的关系，这是企业信息集成的基础。其次，由于系统中包含了不同的操作系统、控制系统、数据库和应用软件，且各系统间可能使用不同的通信协议，因此信息集成还要处理好信息间的接口问题。

• 过程集成 企业为了提高 T（效率）、Q（质量）、C（成本）、S（服务）、E（环境）等目标，除了信息集成这一手段外，还必须处理好过程间的优化与协调。过程集成要求将产品开发、工艺设计、生产制造、供应销售中的各串行过程尽量转变为并行过程，如在产品设计时就考虑到下游工作中的可制造性、可装配性、可维护性等，并预见产品的质量、售后服务内容等。过程集成还包括快速反应和动态调整，即当某一过程出现未预见偏差，相关过程及时调整规划和方案。

• 企业集成 充分利用全球的物质资源、信息资源、技术资源、制造资源、人才资源和用户资源，满足以人为核心的智能化和以用户为中心的产品柔性化是 CIMS 全球化目标，企业集成就是解决资源共享、资源优化、信息服务、虚拟制造、并行工程、网络平台等方面的关键技术。

1.3 自动化生产线简介

1.3.1 自动化生产线的定义

生产线的种类按范围大小分为产品生产线和零部件生产线；按节奏快慢分为流水生产线和非流水生产线；按自动化程度分为自动化生产线和非自动化生产线。

自动化生产线是产品生产过程所经过的路线，即从原料进入生产现场开始，经过加工、运送、装配、检验等一系列生产线活动所构成的路线。把机床按工艺顺序依次排列，用自动输送装置和其他辅助装置将它们联系起来，使之成为一个整体，并用液压或气动系统与电气控制系统将各个部分的动作联系起来，使其按照规定的程序自动地进行工作，使原料、毛坯或半成品（在装配时是零部件）根据控制系统要求，以一定节拍，按工艺顺序自动地经过各工位，完成预定的工艺过程，最后成为合乎设计要求的制品。这种自动工作的机床系统就称为自动化生产线。

自动化生产线的发展趋势体现在以下几个方面。

① 继续向大型化发展。大型化包括大输送能力、大单机长度和大输送倾角等几个方面。水力输送装置的长度已达 440km 以上；带式输送机的单机长度已近 15km，并已出现由若干台组成联系甲乙两地的"带式输送道"。有些国家正在探索长距离、大运量连续输送物料的更完善的输送机结构。

② 扩大输送机的使用范围。发展能在高温、低温条件下，有腐蚀性、放射性、易燃性物质的环境中工作，以及能输送炽热、易爆、易结团、黏性的物料的输送机。使输送机的构造满足物料搬运系统自动化控制对单机提出的要求。如邮局所用的自动分拣包裹的小车式输送机应能满足分拣动作的要求等。

③ 降低能量消耗以节约能源，已成为输送技术领域内科研工作的一个重要方面。已将1t 物料输送 1km 所消耗的能量作为输送机选型的重要指标之一。

④ 减少各种输送机在作业时所产生的粉尘、噪声和排放的废气。

自动化生产线具有三个方面的特点。

• 具有较高的自动化程度。

• 具有统一的控制系统。

• 具有严格的生产节奏。

1.3.2　自动化生产线的组成

自动化生产线一般由工艺设备、质量检查装置、辅助设备和控制系统等四个部分组成，如图 1-5 所示。

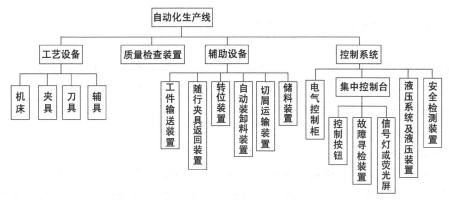

图 1-5　自动化生产线的组成

（1）工艺设备

工艺设备是完成工艺过程的主要生产装置，自动化生产线上的工艺设备包括机床、刀具、夹具和必要的辅助器具。机床是将金属毛坯加工成机器零件的机器，精度要求较高和表面粗糙度要求较细的零件一般都需在机床上用切削的方法进行最终加工。在一般的制造过程中，机床所担负的加工工作量占总工作量的 40%～60%，机床在国民经济现代化的建设中起着重大作用。

机床的种类繁多，在自动化生产线上广泛使用各种数控机床、加工中心、组合机床等设备。近 20 年来，组合机床自动化生产线技术取得了长足进步。组合机床和组合机床自动化生产线是一种专用高效自动化技术装备。目前，由于它仍是大批量机械产品实现高效、高质量和经济性生产的关键装备，因而被广泛应用于汽车、内燃机和压缩机等许多工业生产领域。十多年来，组合机床柔性化进展迅速。组合机床的柔性化主要是通过采用数控技术来实现的。开发柔性组合机床和柔性自动化生产线的重要前提是开发数控加工模块，而有着较长发展历史的加工中心技术为开发数控加工模块提供了成熟的经验。由数控加工模块组成的柔性组合机床和柔性自动化生产线，可通过应用和改变数控程序来实现自动换刀、自动更换多轴箱和改变加工行程、工作循环、切削参数以及加工位置等，以适应变型品种的加工。自动化生产线在加工精度、生产效率、利用率、柔性化和综合自动化等方面的巨大进步，标志着组合机床自动化生产线技术发展达到的高水平。

（2）质量检查装置

在自动化生产线上采用自动测量系统对生产过程中的加工质量进行监控。由于自动化生产线节拍时间的日益缩短、被测工件的精度要求越来越高以及测量又要在生产条件下进行，因此，自动测量系统不仅要具有很高的工作速度和很高的工作精度，并且要具有较强的抗环境干扰（如切屑、尘埃、冷却液蒸气、油液、振动和温度等）能力或测量系统具有对某些干扰量能进行自动补偿的性能。

质量检查装置已经成为自动化生产线上不可或缺的组成部分，它可以及时发现生产过程中各种质量问题，以便加工人员及时解决，同时可以剔除不合格的产品，以免有缺陷的产品进入市场。

质量检查装置的具体实现可以使用各种现代化的检测技术。例如某制药企业在药品灌装前的自动质量保证检查设备可包含下列几种设备。

① 条形码系统。在线检查每种包装材料是否有特定的条形码出现，并判断此识别码是否正确。

② 视频系统。视频检查系统是一种光电扫描装置，它可以辨识药片的真伪（例如有错片混入）、是否有缺片、包装中是否有断片和碎片（胶囊）等。

③ 标签遗漏检查仪。用于探测经过贴标签的操作后是否还有未贴标签的包装物存在。如果与自动剔除机构连接在一起，此包装物可以被剔除或停机。

④ 自动称重检查装置。能确认产品的分量是否正确、所有的包装材料（如说明书、单盒）是否在而且是正确的。

（3）辅助设备

工件输送装置是自动线中最重要和最富有代表性的辅助设备，它将被加工工件从一个工位传送到下一工位，为保证自动线按生产节拍连续地工作提供条件，并从结构上把自动线的各台自动机床联系成为一个整体。

自动线上所采用的夹具可归纳为两种类型，即固定式夹具与随行夹具。所谓固定式夹具，即夹具附属于每一加工工位，不随工件的输送而移动，或安装于机床的某一部件上，或安装于专用的夹具底座上。随行夹具适用于结构形状比较复杂的工件，这类工件缺少可靠的输送基面，在组合机床自动线上较难用步伐式输送带直接输送。

工件在加工过程中，有时需要翻转或转位以改换加工面。在通用机床或专用机床自动线中加工中小型工件时，其翻身或转位常常在输送过程或自动上料过程中完成。在组合机床自动线中，则需设置专用的转位装置，这种装置可用于工件的转位，也可以用于随行夹具的转位。

在自动线中设置必要的储料装置，以保持工序间（或工段间）具有一定的工件储备量，可使自动化生产线在各工序的节拍不平衡的情况下连续工作一段较长的时间，或者在某台机床更换、调整刀具或发生故障而停歇时，保证其他机床仍能正常工作。

对于节拍很短的或加工笨重零件的自动化生产线，设置自动化的或半自动化的上下料装置，可以减轻工人的劳动强度。

断屑与排屑是自动化生产线生产中的关键问题之一，特别是加工钢件等塑性材料工件所产生的锋利带状切屑，如不及时折断，就会缠绕在刀具、机床部件及回转的工件上。这不但会积聚大量的热量，产生热变形，影响加工质量，降低刀具耐用度，而且会严重妨碍自动化生产线正常运转，甚至会危害操作人员与设备的安全。目前较常用的断屑方法有：采用特殊的刀具几何角度；在刀具上增添断屑器；在刀具的切削部分做出断屑槽；变化切削截面积，使切屑折断等。

（4）控制系统

自动化生产线的控制系统主要用于保证线内的机床、工件传送系统，以及辅助设备按照规定的工作循环和联锁要求正常工作，并设有故障寻检装置和信号装置。为适应自动线的调试和正常运行的要求，控制系统有三种工作状态：调整、半自动和自动。在调整状态时，可手动操作和调整，实现单台设备的各个动作；在半自动状态时，可实现单台设备的单循环工作；在自动状态时自动化生产线能连续工作。

控制系统有"预停"控制机能，自动化生产线在正常工作情况下需要停车时，能在完成一个工作循环、各机床的有关运动部件都回到原始位置后才停车。自动线的其他辅助设备是根据工艺需要和自动化程度设置的，如有清洗机工件自动检验装置、自动换刀装置、自动排屑系统和集中冷却系统等。为提高自动线的生产率，必须保证自动线的工作可靠性。影响自动化生产线工作可靠性的主要因素是加工质量的稳定性和设备工作可靠性。自动线的发展方向主要是提高生产率和增大多用性、灵活性。为适应多品种生产的需要，将发展能快速调整的可调自动线。

数字控制机床、工业机器人和电子计算机等技术的发展，以及成组技术的应用，将使自动线的灵活性更大，可实现多品种、中小批量生产的自动化。多品种可调自动化生产线，降低了自动化生产线生产的经济批量，因而在机械制造业中的应用越来越广泛，并向更高度自动化的柔性制造系统发展。

1.3.3　自动化生产线的类型

自动化生产线的类型是多种多样的，根据不同的特征，有多种不同的分类方法。从研究和掌握自动化生产线的结构特点出发，可以从下面两个方面进行分类。

1.3.3.1　按工艺设备类型分类

① 通用机床自动化生产线。一般是在流水线基础上，利用现有通用机床进行自动化改造后连成的。

② 专用（非组合）机床自动化生产线。这类生产线所选用设备以专用机床为主，建设费用较高，适用于产品结构稳定，产量比较大的场合。

③ 组合机床自动线。这类自动化生产线是用组合机床连成的，在大批量生产中得到广泛的应用，收到了较好的使用效果和经济效益。组合机床自动化生产线多用来进行钻、扩、铰、镗、攻丝和铣削等工序的加工。

1.3.3.2　按储料装置分类

① 刚性连接的自动化生产线。在这类自动化生产线中没有储料装置，机床按照工艺顺序依次排列，工件由输送装置强制性地从一个工位移动到下一个工位，直到加工完毕。这种自动化生产线和特点是所有的机床由输送设备的控制系统联成整体，工件的加工和输送过程有严格的节奏性。当某机床发生故障时，就会导致全线的停工。为了保证自动化生产线的生产效率，所选用的机床和各种设备都应具有较好的稳定性和可靠性。

② 柔性连接的自动化生产线。在这类自动化生产线中设有必要的储料装置，根据实际需要，可以在每台机床之间设置储料装置，也可相隔若干台机床设置储料装置，并将自动化生产线分为若干段。当某一台机床（或某一段机床）发生故障时，其余的机床在一定的时间内可继续工作。

1.3.4　自动化生产线应用现状及发展趋势

自动化生产线在电力、冶金、机械制造、汽车、轻纺、交通运输、食品加工、医药、化工等各行各业中得到应用，如电缆桥架自动生产线（图 1-6）、矿泉水包装生产线（图 1-7）、面包自动化生产线（图 1-8）、汽车自动化生产线（图 1-9）。

中国工业控制自动化的发展，大多是在引进成套设备的同时进行消化吸收，然后进行二次开发和应用。目前中国工业控制自动化技术、产业和应用都有了很大的发展，工业计算机系统行业已经形成，工业控制自动化技术正在向智能化、网络化和集成化方向发展。

① 以工业 PC 为基础的低成本工业控制自动化将成为主流。

20 世纪 90 年代以来，由于 PC-based 的工业计算机（简称工业 PC）的发展，以工业

PC、I/O 装置、监控装置、控制网络组成的 PC-based 的自动化系统得到了迅速普及，成为实现低成本工业自动化的重要途径。例如重庆钢铁公司这样的大企业，几乎全部大型加热炉拆除了原来 DCS 或单回路数字式调节器，改用工业 PC 来组成控制系统，并采用模糊控制算法，并获得了良好效果。

图 1-6　电缆桥架自动化生产线

图 1-7　矿泉水包装生产线

图 1-8　面包自动化生产线

图 1-9　汽车自动化生产线

② PLC 在向微型化、网络化、PC 化和开放性方向发展。

长期以来，PLC 始终处于工业控制自动化领域的主战场，为各种各样的自动化控制设备提供非常可靠的控制方案，与 DCS 和工业 PC 形成了三足鼎立之势。同时，PLC 也承受着来自其他技术产品的冲击，尤其是工业 PC 所带来的冲击。微型化、网络化、PC 化和开放性是 PLC 未来发展的主要方向。在基于 PLC 自动化的早期，PLC 体积大而且价格昂贵，但在最近几年，微型 PLC（小于 32 I/O）已经出现，价格只有几百欧元。随着软 PLC（Soft PLC）控制组态软件的进一步完善和发展，软 PLC 组态软件和 PC-based 控制的市场份额将逐步得到增长。

当前，过程控制领域最大的发展趋势之一就是 Ethernet 技术的扩展，PLC 也不例外。现在越来越多的 PLC 供应商开始提供 Ethernet 接口。可以预见，PLC 将继续向开放式控制系统方向发展，尤其是基于工业 PC 的控制系统。

③ 面向测控管一体化设计的 DCS 系统。

集散控制系统（distributed control system，DCS）问世于 1975 年，生产厂家主要集中在美、日、德等国。中国从 20 世纪 70 年代中后期起，首先由大型进口设备成套引入国外的 DCS，有化纤、乙烯、化肥等进口项目。当时，中国主要行业（如电力、石化、建材和冶金等）的 DCS 基本全部进口。20 世纪 80 年代初期，在引进、消化和吸收的同时，开始了研制国产化 DCS 的技术攻关。

小型化、多样化、PC 化和开放性是未来 DCS 发展的主要方向。目前，小型 DCS 所占有的市场已逐步与 PLC、工业 PC、FCS 共享。今后小型 DCS 可能首先与这三种系统融合，而且"软 DCS"技术将首先在小型 DCS 中得到发展。PC-based 控制将更加广泛地应用于中小规模的过程控制，各 DCS 厂商也将纷纷推出基于工业 PC 的小型 DCS 系统。开放性的 DCS 系统将同时向上和向下双向延伸，使来自生产过程的现场数据在整个企业内部自由流动，实现信息技术与控制技术的无缝连接，向测控管一体化方向发展。

④ 控制系统正在向现场总线（FCS）方向发展。

由于 3C（Computer、Control、Communication）技术的发展，过程控制系统将由 DCS 发展到 FCS（fieldbus control system）。FCS 可以将 PID 控制彻底分散到现场设备（field device）中。基于现场总线的 FCS 是全分散、全数字化、全开放和可互操作的新一代生产过程自动化系统，它将取代现场一对一的模拟信号线，给传统的工业自动化控制系统体系结构带来革命性的变化。

【习题】

1-1　什么是自动化制造系统？简述自动化生产线的形式。

1-2　什么是柔性制造系统？它的主要特点是什么？

1-3　自动化生产线由哪几部分组成？

模块二　自动化生产线的控制单元

【学习目标】
　　① 掌握自动化生产线中常用的传动机构的原理。
　　② 掌握自动化生产线中常用的传感器控制技术的原理。
　　③ 掌握自动化生产线中常用的气动元件的原理。
　　④ 掌握自动化生产线中常用的执行机构的原理。
　　⑤ 掌握人机界面及组态技术，了解触摸屏，初步认识组态软件。
　　⑥ 掌握 PLC 的结构、工作原理，了解 PLC 在自动化生产线中的应用。
　　⑦ 了解工业控制计算机的功能、构成与应用。
　　⑧ 了解现场总线技术。
　　⑨ 掌握通用变频器的结构与基本工作原理。
　　⑩ 理解 S7-200 系列 PLC 自由端口通信协议的含义及实现方法；掌握 S7-200 系列 PLC 网络通信协议及网络通信的实现方法。

2.1　机械传动机构

2.1.1　机械传动机构的概念及功能

　　利用机械运动方式传递运动和动力的机构称为机械传动机构。

　　机械传动机构的功能是：将原动机的输出速度降低或增高，以适合工作机的需要；实现变速传动，以满足工作机的经常变速要求；将原动机的输出的转矩变换为工作机的转矩或力；将原动机输出的等速旋转运动转变为工作机所需要的、速度按某种规律变化的旋转或其他类型的运动；实现由一个或多个原动机驱动若干个相同或不同速度的工作机；受机体外形、尺寸限制，为了安全与操作方便，工作机不宜与原动机直接连接时，需要用传动装置来连接。

2.1.2　常用传动机构及其特点

　　根据各种运动方案，选择合适的常用传动机构。常用传动机构及其特点如下。

　　① 实现运动形式的变换　原动件的运动形式都是匀速回转运动，而工作机构所要求的运动形式却是多种多样的。传动机构可以将匀速回转运动转变为移动、摆动、间歇运动和平面复杂运动等各种各样的运动形式。

　　② 实现运动转速（或速度）的变化　当需要获得较大的定传动比时，可用多级齿轮传动、带传动、蜗杆传动和链传动等组合来满足速度变化的需要。

　　③ 实现运动的合成与分解　采用各种差动轮系进行运动的合成与分解。

　　④ 获得较大的机械效益　根据一定功率下减速增矩的原理，通过减速传动机构可以实现用较小驱动转矩产生较大的输出转矩，即获得较大的机械效益。

2.1.3　自动化生产线中的机械传动机构

（1）用于步进、伺服电动机驱动的机械传动机构分类

① 滚珠丝杠（直接连接）　用于距离较短的高精度定位。电动机和滚珠丝杠只用联轴节连接，没有间隙，如图 2-1。

② 滚珠丝杠（减速）　选择减速比，可加大向机械系统传递的转矩。由于产生齿轮侧隙，需要采取补偿措施，如图 2-2。

③ 齿条和小齿轮　用于距离较长的（台车驱动等）定位。小齿轮转动一圈包含了 π 值，因此需要修正，如图 2-3。

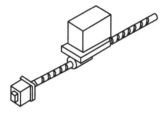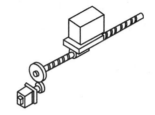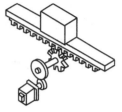

图 2-1　滚珠丝杠（直接连接）　　　图 2-2　滚珠丝杠（减速）　　　图 2-3　齿条和小齿轮

④ 同步皮带（传送带）　与链条比较，形态上的自由度变大，主要用于轻载。皮带轮转动一圈的移动量中包含 π 值，因此需要修正，如图 2-4。

⑤ 链条驱动　多用于输送线上。必须考虑链条本身的伸长并采取相应的措施。在减速比较大的状态下使用，机械系统的移动速度小，如图 2-5。

⑥ 进料辊　将板带上的材料夹入辊间送出。由于未严密确定辊子直径，在尺寸长的物件上将产生误差，需进行 π 补偿。如果急剧加速，将产生打滑，送出量不足，见图 2-6。

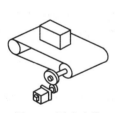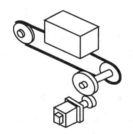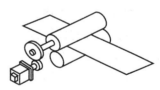

图 2-4　同步皮带　　　　　图 2-5　链条驱动　　　　　图 2-6　进料辊

⑦ 转盘分度　转盘的惯性矩大，需要设定足够的减速比。转盘的转速低，多使用蜗轮蜗杆，见图 2-7。

⑧ 主轴驱动　在卷绕线材时，由于惯性矩大，需要设定足够的减速比。在等圆周速度控制中，必须把周边机械考虑进来研究，见图 2-8。

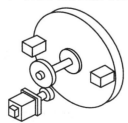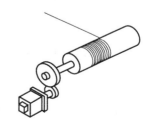

图 2-7　转盘分度　　　　　　　　　图 2-8　主轴驱动

（2）将伺服系统用于机械系统中时，应注意以下方面。

① 减速比。为了有效利用伺服电动机的功率，应在接近电动机的额定速度（最高旋转速度）数值的范围使用。在最高旋转速度下连续输出转矩，还是比额定转矩小。

② 预压转矩。对丝杠加预压力，刚性增强，负载转矩值增大。由预压产生的摩擦转矩，请参照滚珠丝杠规格书。

③ 保持转矩升降机械在停止时，伺服电动机继续输出保持力。在时间充裕的场合，建议使用保持制动。

2.1.4　机械传动的特性和参数

机械传动是用各种形式的机构来传递运动和动力，其性能指标有两类：一类是运动特性，包括转矩、传动比、变速范围等；另一类是动力特性，包括功率、转矩、效率等。

（1）功率

传递功率 P 反映传动系统的传动能力。公式为

$$P = \frac{Fv}{1000}$$

式中，F 为传递的圆周力，单位为 N；v 为圆周速度，单位为 m/s；P 为传递的功率，单位为 kW。

当功率 P 一定时，圆周力 F 与圆周速度 v 成反比。在各种传动中，齿轮传动允许的圆周力范围最大，传递的转矩 T 也最大。

（2）圆周速度和转速

圆周速度 v 和转速 n、轮的参考圆直径 d 的关系为

$$v = \frac{\pi n d}{60 \times 1000}$$

式中，v 的单位为 m/s；n 的单位为 r/min；d 的单位为 mm。

在其他条件相同的情况下，提高圆周速度可以减小外廓尺寸。因此，在较高的速度下进行传动是有利的。对于挠性传动，限制速度的因素是离心力作用，它在挠性件中会引起附加载荷，并且减小其有效拉力；对于啮合传动，限制速度的主要因素是啮合元件进入啮合和退出啮合时产生的附加作用力，它的增大会使所传递的有效力减小。

为了获得大的圆周速度，需要提高主动件的转速或增大其直径。但是直径增大会使传动的外廓尺寸变大。因此，为了维持高的圆周速度，主要是提高转速。旋转速度的最大值受到啮合元件进入和退出啮合时的允许冲击力、振动及摩擦力的大小等因素的限制。齿轮的最大转速为 $n = (1 \sim 1.5) \times 10^5 \, \text{r/min}$，链传动的链轮转速最高为 $n = (8 \sim 10) \times 10^3 \, \text{r/min}$，平带传动的带轮转速最大值为 $n = (7 \sim 8) \times 10^3 \, \text{r/min}$，V 带传动的带轮转速最大值为

$$n = (8 \sim 12) \times 10^3 \, \text{r/min}$$

传递的功率与转矩、转速的关系为

$$T = \frac{9550P}{n}$$

式中，T 为传递的转矩，单位为 N·m；P 为传递的功率，单位为 kW；n 为转速，单位为 r/min。

（3）传动比

传动比反映了机械传动增速和减速的能力。一般情况下，传动装置均为减速传动。在摩擦传动中，V 带传动可达到的传动比最大，平带传动次之，然后是摩擦轮传动。在啮合传

动中，就一对啮合传动而言，蜗杆传动可达到的传动比最大，其次是齿轮传动和链传动。

（4）功率损耗和传动效率

机械传动效率的高低表明机械驱动功率的有效利用程度，是反映机械传动装置性能指标的重要参数之一。机械传动效率低，不仅功率损失大，而且损耗的功率产生大量的热量，必须采用散热措施。

（5）外廓尺寸和重量

传动装置的尺寸与中心距 a、传动比 i、轮直径 d 及轮宽 b 有关，其中影响最大的参数是中心距 a。

2.2 传感器

传感器的定义是：能感受规定的被测量并按照一定的规律转换成可用输出信号的器件或装置；或者说是接受物理或化学变量（输入变量）形式的信息，并按一定规律将其转换成同种或别种性质的输出信号的装置。

在自动化生产线中常用的传感器有光电开关、接近开关、光电编码器等。

2.2.1 光电传感器

2.2.1.1 光电传感器的定义

光电传感器是利用光的各种性质，检测物体的有无和表面状态的变化等的传感器。

光电传感器主要由发光的投光部和接受光线的受光部构成。如果投射的光线因检测物体不同而被遮掩或反射，到达受光部的量将会发生变化。受光部将检测出这种变化，并转换为电气信号，进行输出。大多使用可视光（主要为红色，也用绿色、蓝色来判断颜色）和红外光。光电传感器主要分为三类。

① 对射型，如图 2-9 所示。

图 2-9 对射型工作原理示意图

② 回归反射型，如图 2-10 所示。

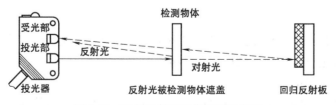

图 2-10 回归反射型工作原理示意图

③ 扩散反射型，如图 2-11 所示。

2.2.1.2 光电传感器（光电开关）工作原理

图 2-12 所示是光电开关的工作原理框图。图中，由振荡回路产生的调制脉冲经反射电

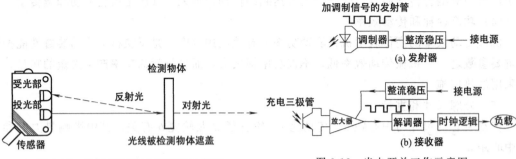

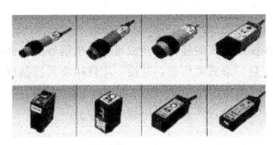

图 2-11　扩散反射型工作原理示意图

图 2-12　光电开关工作示意图

图 2-13　部分光电开关工作外形图

路后，由发光管辐射出光脉冲。当被测物体进入受光器作用范围时，被反射回来的光脉冲进入光敏三极管，并在接收电路中将光脉冲解调为电脉冲信号，再经放大器放大和同步选通整形，然后用数字积分或 RC 积分方式排除干扰，最后经延时（或不延时）触发驱动器输出光电开关控制信号。光电开关一般都具有良好的回差特性，因而即使被检测物在小范围内晃动也不会影响驱动器的输出状态，从而可使其保持在稳定工作区。同时，自诊断系统还可以显示受光状态和稳定工作区，以随时监视光电开关的工作。图 2-13 所示为部分光电开关工作外形图。

2.2.1.3　光电传感器的特点

（1）检测距离长

如果在对射型中保留 10m 以上的检测距离，便能实现其他检测手段（磁性、超声波等）无法达到的长距离检测。

（2）对检测物体的限制少

由于以检测物体引起的遮光和反射为检测原理，所以不像接近传感器等将检测物体限定在金属，而它可对玻璃、塑料、木材、液体等几乎所有物体进行检测。

（3）响应时间短

光本身为高速，并且传感器的电路都由电子零件构成，所以不包含机械性工作时间，响应时间非常短。

（4）分辨率高

能通过高级设计技术使投光光束集中在小光点，或通过构成特殊的受光光学系统，来实现高分辨率。也可进行微小物体的检测和高精度的位置检测。

（5）可实现非接触的检测

可以无需机械性地接触检测物体实现检测，因此不会对检测物体和传感器造成损伤，因此传感器能长期使用。

（6）可实现颜色判别

通过检测物体形成的光的反射率和吸收率，根据被投光的光线波长和检测物体的颜色组合而有所差异。利用这种性质，可对检测物体的颜色进行检测。

（7）便于调整

在投射可视光的类型中，投光光束是眼睛可见的，便于对检测物体的位置进行调整。

2.2.1.4　光电传感器的应用

近年来，随着光电技术的发展，光电传感器已成为系列产品，其品种及产量日益增加，用户可根据需要选用各种规格产品，在自动化生产线中获得广泛的应用。如 YL-335B 自动化生产线的分拣单元中，当工件进入分拣输入带时，分拣站上光电开关发出的光线遇到工件反射回自身的光敏元件，光电开关输出信号启动输送带运转。

2.2.2　光电编码器

（1）光电编码器工作原理

光电编码器是一种通过光电转换将输出轴上的机械几何位移量转换成脉冲或数字量的传感器。这是目前应用最多的传感器，光电编码器由光栅盘和光电检测装置组成。光栅盘是在一定直径的圆板上等分地开通若干个长方形孔。由于光电码盘与电动机同轴，电动机旋转时，光栅盘与电动机同速旋转，经发光二极管等电子元件组成的检测装置检测输出若干脉冲信号，其原理示意图如图 2-14 所示。

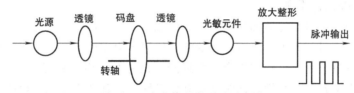

图 2-14　光电编码器原理示意图

通过计算每秒光电编码器输出脉冲的个数就能反映当前电动机的转速。此外，为判断旋转方向，码盘还可提供相位相差 90°的脉冲信号。

根据检测原理，编码器可分为光学式、磁式、感应式和电容式。根据其刻度方法及信号输出形式，可分为增量式、绝对式以及混合式三种。下面简单介绍增量式编码器。

（2）增量式光电编码器

增量式光电编码器的特点是每产生一个输出脉冲信号就对应于一个增量位移，但是不能通过输出脉冲区别出在哪个位置上的增量。它能够产生与位移增量等值的脉冲信号，其作用是提供一种对连续位移量离散化或增量化以及位移变化（速度）的传感方法，它是相对于某个基准点的相对位置增量，不能够直接检测出轴的绝对位置信息。一般来说，增量式光电编码器输出 A、B 两相互差 90°电度角的脉冲信号（即所谓的两组正交输出信号），从而可方便地判断出旋转方向。同时还有用作参考零位的 Z 相标志（指示）脉冲信号，码盘每旋转一周，只发出一个标志信号。标志脉冲通常用来指示机械位置或对积累量清零。

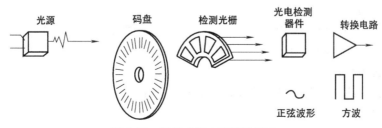

图 2-15　增量式光电编码器组成

　　增量式光电编码器主要由光源、码盘、检测光栅、光电检测器件和转换电路组成，如图2-15 所示。码盘上刻有节距相等的辐射状透光缝隙，相邻两个透光缝隙之间代表一个增量周期；检测光栅上刻有 A、B 两组与码盘相对应的透光缝隙，用以通过或阻挡光源和光电检测器件之间的光线。它们的节距和码盘上的节距相等，并且两组透光缝隙错开 1/4 节距，使得光电检测器件输出的信号在相位上相差 90°电度角。当码盘随着被测转轴转动时，检测光栅不动，光线透过码盘和检测光栅上的透过缝隙照射到光电检测器件上，光电检测器件就输出两组相位相差 90°电度角的近似于正弦波的电信号，电信号经过转换电路的信号处理，可以得到被测轴的转角或速度信息。

　　光电编码器是一种角度（角速度）检测装置，它将输入给轴的角度量，利用光电转换原理转换成相应的电脉冲或数字量，具有体积小、精度高、工作可靠、接口数字化等优点。

　　（3）光电编码器应用

　　如 YL-335B 自动化生产线中的分拣单元就使用了这种具有 A、B 两相 90°相位差的旋转编码器，用以计算工件在传送带上的位置。

2.2.3　接近开关

2.2.3.1　接近开关工作原理

　　接近开关是一种不需与运动部件进行机械接触而可以操作的位置开关，当物体接近开关的感应面到动作距离时，不需要机械接触及施加任何压力即可使开关动作，从而驱动交流或直流电器或给计算机装置提供控制指令。接近开关是种开关型传感器（即无触点开关），它即有行程开关、微动开关的特性，同时又具有传感性能，且动作可靠、性能稳定、频率响应快、应用寿命长、抗干扰能力强，并具有防水、防振、耐腐蚀等特点。产品有电感式、电容式、霍尔式、交直流型。

　　接近开关又称无触点接近开关，是理想的电子开关量传感器。当金属检测体接近开关的感应区域，开关就能无接触、无压力、无火花、迅速发出电气指令，准确反映出运动机构的位置和行程。它广泛地应用于机床、冶金、化工、轻纺和印刷等行业。在自动控制系统中可作为限位、计数、定位控制和自动保护环节。接近开关具有使用寿命长、工作可靠、重复定位精度高、无机械磨损、无火花、无噪声、抗振能力强等特点。到目前为止，接近开关的应用范围日益广泛，其自身的发展和创新的速度也是极其迅速的。

2.2.3.2　接近开关的主要功能

　　（1）检验距离

　　检测电梯以及升降设备的停止、启动、通过位置；检测车辆的位置，防止两物体相撞检测；检测工作机械的设定位置、移动机器或部件的极限位置；检测回转体的停止位置、阀门的开或关位置；检测气缸或液压缸内的活塞移动位置。

　　（2）尺寸控制

　　金属板冲剪的尺寸控制装置；自动选择与鉴别金属件长度；检测自动装卸时堆物高度；检测物品的长、宽、高和体积。

　　（3）检测物体存在

　　检测生产包装线上有无产品包装箱；检测有无产品零件。

　　（4）转速与速度控制

　　控制传送带的速度；控制旋转机械的转速；与各种脉冲发生器一起控制转速和转数。

　　（5）计数及控制

检测生产线上流过的产品数；高速旋转轴或盘的转数计量；零部件计数。

（6）检测异常

检测瓶盖有无；产品合格与不合格判断；检测包装盒内的金属制品是否缺乏；区分金属与非金属零件；检测产品有无标牌；起重机危险区报警；安全扶梯自动启停。

（7）计量控制

产品或零件的自动计量；检测计量器、仪表的指针范围而控制数量或流量；检测浮标控制的测面高度、流量；检测不锈钢桶中的铁浮标；仪表量程上限或下限的控制；流量控制，水平面控制等。

（8）识别对象

根据载体上的码识别是与非。

（9）信息传送

ASI（总线）连接设备上各个位置上的传感器在生产线（50～100m）中的数据往返传送等。

2.2.3.3 接近开关分类及结构

接近开关的作用是当某物体与接近开关接近并达到一定距离时，能发出信号，它不需要外力施加，是一种无触点式的主令电器。它的用途已远远超出行程开关所具备的行程控制及限位保护。接近开关可用于高速计数、检测金属体的存在、测速、液位控制、检测零件尺寸以及用作无触点式按钮等。

目前应用较为广泛的接近开关按工作原理可以分为以下几种类型。

① 高频振荡型：用以检测各种金属体。

② 电容型：用以检测各种导电或不导电的液体或固体。

③ 光电型：用以检测所有不透光物质。

④ 超声波型：用以检测不透过超声波的物质。

⑤ 电磁感应型：用以检测导磁或不导磁金属。

按其外形形状可分为圆柱型、方型、沟型、穿孔（贯通）型和分离型。

圆柱型比方型安装方便，但其检测特性相同；沟型的检测部位是在槽内侧，用于检测通过槽内的物体；贯通型在中国很少生产，而日本则应用较为普遍，可用于小螺钉或滚珠之类的小零件和浮标组装成水位检测装置等。

接近开关按供电方式可分为：直流型和交流型。按输出型式又可分为直流两线制，直流三线制，直流四线制，交流两线制和交流三线制。

① 两线制接近开关　两线制接近开关安装简单、接线方便；应用比较广泛，但却有残余电压和漏电流大的缺点。

② 三线制接近开关　三线制接近开关的输出型有 NPN 和 PNP 两种，20 世纪 70 年代日本的产品绝大多数是 NPN 输出，西欧各国 NPN、PNP 两种输出型都有。PNP 输出接近开关一般应用在 PLC 或计算机作为控制指令较多，NPN 输出接近开关用于控制直流继电器较多，在实际应用中要根据控制电路的特性进行选择。

2.2.3.4 接近开关应用

如 YL-335B 自动化生产线供料单元中，为了检测待加工工件是否为金属材料，安装了电感式传感器，用以识别有无金属物体接近。

2.3 气动控制单元

气压传动是以气体作为工作介质，依靠密封工作系统对气体挤压产生的压力能来进行能力转换、传递、控制和调节的一种传动方式。其结构简单、成本低廉、使用方便，所以在各行业中都可以应用。

2.3.1 气动系统组成

气动系统由气源装置、执行元件、控制元件、辅助元件等组成。

• 气源装置是压缩空气的发生装置以及压缩空气的存储、净化的辅助装置，为系统提供合乎质量要求的压缩空气。

• 执行元件是指将气体压力能转换成机械能并完成做功动作的元件，如气缸、气马达。

• 控制元件是指控制气体压力、流量及运动方向的元件，以保证执行元件具有一定的输出力（转矩）和速度（转速），如各种阀类。

• 辅助元件是指对保证系统可靠、稳定地工作起着重要作用的元件，如冷却器、除油器等。

2.3.1.1 气源装置

气源装置为气动系统提供合乎质量要求的压缩空气，是气动系统的动力源。气压传动系统中的气源装置是为气动系统提供满足一定质量要求的压缩空气，它是气压传动系统的重要组成部分。气源装置的组成如图 2-16 所示，由空气压缩机产生的压缩空气，必须经过降温、净化、减压、稳压等一系列处理后，才能供给控制元件和执行元件使用。而用过的压缩空气排向大气时，会产生噪声，应采取措施，降低噪声，改善劳动条件和环境质量。

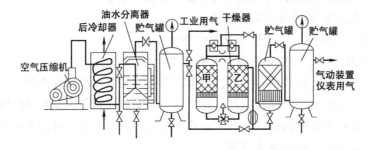

图 2-16　气源系统组成示意图

因此，气源装置必须设置一些除油、除水、除尘，并使压缩空气干燥，提高压缩空气质量，进行气源净化处理的辅助设备。

（1）压缩空气站

压缩空气站的设备一般包括产生压缩空气的空气压缩机和使气源净化的辅助设备。空气压缩机是一种气压发生装置，它是将机械能转化成气体压力能的能量转换装置，其种类很多，分类形式也有数种。如按其工作原理可分为容积型压缩机和速度型压缩机。容积型压缩机的工作原理是压缩气体的体积，使单位体积内气体分子的密度增大以提高压缩空气的压力。速度型压缩机的工作原理是提高气体分子的运动速度，然后使气体的动能转化为压力能以提高压缩空气的压力。

选用空气压缩机的根据是气压传动系统所需要的工作压力和流量两个参数。一般空气压缩机为中压空气压缩机，额定排气压力为 1MPa。另外还有低压空气压缩机，排气压力 0.2MPa；高压空气压缩机，排气压力为 10MPa；超高压空气压缩机，排气压力为 100MPa。

输出流量的选择要根据整个气动系统对压缩空气的需要再加一定的备用余量，作为选择空气压缩机的流量依据。空气压缩机铭牌上的流量是自由空气流量。

（2）压缩空气净化设备

直接由空气压缩机排出的压缩空气，如果不进行净化处理，不除去混在压缩空气中的水分、油分等杂质是不能为气动装置使用的。因此必须设置一些除油、除水、除尘并使压缩空气干燥的提高压缩空气质量、进行气源净化处理的辅助设备。

压缩空气净化设备一般包括：后冷却器、油水分离器、贮气罐和干燥器。

（3）后冷却器

后冷却器安装在空气压缩机出口管道上，空气压缩机排出 140～170℃ 的压缩空气，经过后冷却器温度降至 40～50℃。这样，就可使压缩空气中油雾和水气达到饱和，使其大部分凝结成滴而析出。后冷却器的结构形式有：蛇形管式、列管式、散热片式和套管式等；冷却方式有水冷和气冷式两种。

（4）油水分离器

油水分离器安装在后冷却器后的管道上，作用是分离压缩空气中所含的水分、油分等杂质，使压缩空气得到初步净化。油水分离器的结构形式有环形回转式、撞击折回式、离心旋转式、水浴式以及以上形式的组合使用等。油水分离器主要利用回转离心、撞击、水浴等方法使水滴、油滴及其他杂质颗粒从压缩空气中分离出来。

（5）贮气罐

贮气罐的主要作用是贮存一定数量的压缩空气，减少气源输出气流脉动，增加气流连续性，减弱空气压缩机排出气流脉动引起的管道振动；进一步分离压缩空气中的水分和油分。

（6）干燥器

干燥器的作用是进一步除去压缩空气中含有的水分、油分和颗粒杂质等，使压缩空气干燥，提供的压缩空气用于对气源质量要求较高的气动装置、气动仪表等。压缩空气干燥方法主要采用吸附、离心、机械降水及冷冻等方法。

2.3.1.2 气动辅件

消声器、气缸、气阀等工作时排气速度较高，气体体积急剧膨胀，会产生刺耳的噪声。

消声器是指能阻止声音传播而允许气流通过的一种气动元件，它是通过阻尼或增加排气面积来降低排气的速度和功率从而降低噪声的。

气动装置中的消声器主要有阻性消声器、抗性消声器、阻抗复合消声器。

2.3.1.3 气动执行元件

气动执行元件是将压缩空气的压力能转换为机械能的装置，包括气缸和气马达。实现直线运动和做功的是气缸，实现旋转运动和做功的是气马达。

2.3.1.3.1 气缸组成原理及选用

气缸是气动系统的执行元件之一。除几种特殊气缸外，普通气缸其种类及结构形式与液压缸基本相同。

目前最常选用的是标准气缸，其结构和参数都已系列化、标准化、通用化。

其他几种较为典型的特殊气缸有气液阻尼缸、薄膜式气缸和冲击式气缸等。

（1）气液阻尼缸

普通气缸工作时，由于气体的压缩性，当外部载荷变化较大时，会产生"爬行"或"自走"现象，使气缸的工作不稳定。为了使气缸运动平稳，普遍采用气液阻尼缸。

气液阻尼缸是由气缸和油缸组合而成，它的工作原理见图 2-17。它是以压缩空气为能源，并利用油液的不可压缩性和控制油液排量来获得活塞的平稳运动和调节活塞的运动速度。它将油缸和气缸串联成一个整体，两个活塞固定在一根活塞杆上。当气缸右端供气时，气缸克服外负载并带动油缸同时向左运动，此时油缸左腔排油、单向阀关闭，油液

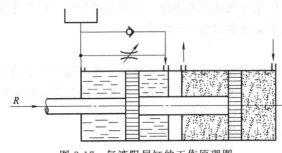

图 2-17　气液阻尼缸的工作原理图

只能经节流阀缓慢流入油缸右腔，对整个活塞的运动起阻尼作用。调节节流阀的阀口大小就能达到调节活塞运动速度的目的。当压缩空气经换向阀从气缸左腔进入时，油缸右腔排抽，此时因单向阀开启，活塞能快速返回原来位置。

这种气液阻尼缸的结构一般是将双活塞杆缸作为油缸。因为这样可使油缸两腔的排油量相等，此时油箱内的油液只用来补充因油缸泄漏而减少的油量，一般用油杯就行了。

（2）薄膜式气缸

薄膜式气缸是一种利用压缩空气通过膜片推动活塞杆作往复直线运动的气缸。它由缸体、膜片、膜盘和活塞杆等主要零件组成。其功能类似于活塞式气缸，它分单作用式和双作用式两种，如图 2-18 所示。

薄膜式气缸的膜片可以做成盘形膜片和平膜片两种形式。膜片材料为夹织物橡胶、钢片或磷青铜片。常用的是夹织物橡胶，橡胶的厚度为 5～6mm，有时也可用 1～3mm。金属式膜片只用于行程较小的薄膜式气缸中。

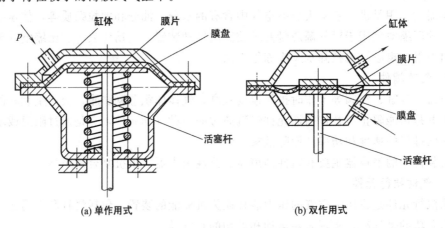

(a) 单作用式　　　　　　　　　　(b) 双作用式

图 2-18　薄膜式气缸结构简图

薄膜式气缸和活塞式气缸相比较，具有结构简单、紧凑、制造容易、成本低、维修方便、寿命长、泄漏小、效率高等优点。但是膜片的变形量有限，故其行程短（一般不超过 40～50mm），且气缸活塞杆上的输出力随着行程的加大而减小。

（3）冲击气缸

　　冲击气缸是一种体积小、结构简单、易于制造、耗气功率小，但能产生相当大的冲击力的一种特殊气缸。与普通气缸相比，冲击气缸的结构特点是增加了一个具有一定容积的蓄能腔和喷嘴。它的工作原理如图 2-19 所示。

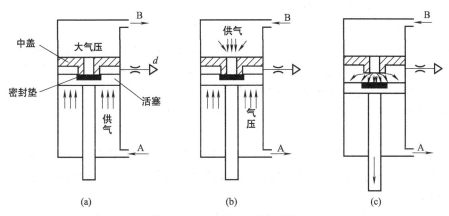

图 2-19　冲击气缸工作原理图

　　冲击气缸的整个工作过程可简单地分为三个阶段。第一个阶段 [图 2-19(a)]，压缩空气由孔 A 输入冲击缸的下腔，蓄气缸经孔 B 排气，活塞上升并用密封垫封住喷嘴，中盖和活塞间的环形空间经排气孔与大气相通。第二阶段 [图 2-19(b)]，压缩空气改由孔 B 进气，输入蓄气缸中，冲击缸下腔经孔 A 排气。由于活塞上端气压作用在面积较小的喷嘴上，而活塞下端受力面积较大，一般设计成喷嘴面积的 9 倍，缸下腔的压力虽因排气而下降，但此时活塞下端向上的作用力仍然大于活塞上端向下的作用力。第三阶段 [图 2-19(c)]，蓄气缸的压力继续增大，冲击缸下腔的压力继续降低，当蓄气缸内压力高于活塞下腔压力 9 倍时，活塞开始向下移动，活塞一旦离开喷嘴，蓄气缸内的高压气体迅速充入到活塞与中间盖间的空间，使活塞上端受力面积突然增加 9 倍，于是活塞将以极大的加速度向下运动，气体的压力能转换成活塞的动能。在冲程达到一定时，获得最大冲击速度和能量，利用这个能量对工件进行冲击做功，产生很大的冲击力。

2.3.1.3.2　气马达组成原理及选用

　　气马达也是气动执行元件的一种，它的作用相当于电动机或液压马达，即输出力矩，拖动机构做旋转运动。

　　(1) 气马达的分类及特点

　　气马达按结构形式可分为：叶片式气马达、活塞式气马达和齿轮式气马达等。最为常见的是活塞式气马达和叶片式气马达。叶片式气马达制造简单，结构紧凑，但低速运动转矩小，低速性能不好，适用于中、低功率的机械，目前在矿山及风动工具中应用普遍。活塞式气马达在低速情况下有较大的输出功率，它的低速性能好，适宜于载荷较大和要求低速转矩的机械，如起重机、绞车、绞盘、拉管机等。

　　与液压马达相比，气马达具有以下特点。

　　① 工作安全。可以在易燃易爆场所工作，不受高温和振动的影响。

　　② 可以长时间满载工作而温升较小。

　　③ 可以无级调速。控制进气流量，就能调节马达的转速和功率。额定转速以每分钟几十转到几十万转。

④ 具有较高的启动力矩。可以直接带负载运动。

⑤ 结构简单，操纵方便，维护容易，成本低。

⑥ 输出功率相对较小，最大只有 20kW 左右。

⑦ 耗气量大，效率低，噪声大。

（2）气马达的工作原理

图 2-20(a) 所示是叶片式气马达的工作原理图。它的主要结构和工作原理与液压叶片马达相似，主要包括一个径向装有 3～10 个叶片的转子，偏心安装在定子内，转子两侧有前后盖板（图中未画出），叶片在转子的槽内可径向滑动，叶片底部通有压缩空气，转子转动是靠离心力和叶片底部气压将叶片紧压在定子内表面上。定子内有半圆形的切沟，提供压缩空气及排出废气。

当压缩空气从 A 口进入定子内，会使叶片带动转子作逆时针旋转，产生转矩。废气从排气口 C 排出；而定子腔内残留气体则从 B 口排出。如需改变气马达旋转方向，只需改变进、排气口即可。

图 2-20(b) 所示是径向活塞式马达的原理图。压缩空气经进气口进入分配阀（又称配气阀）后再进入气缸，推动活塞及连杆组件运动，再使曲柄旋转。曲柄旋转的同时，带动固定在曲轴上的分配阀同步转动，使压缩空气随着分配阀角度位置的改变而进入不同的缸内，依次推动各个活塞运动，由各活塞及连杆带动曲轴连续运转。与此同时，与进气缸相对应的气缸则处于排气状态。

图 2-20(c) 所示是薄膜式气马达的工作原理图。它实际上是一个薄膜式气缸，当它作往复运动时，通过推杆端部的棘爪使棘轮转动。

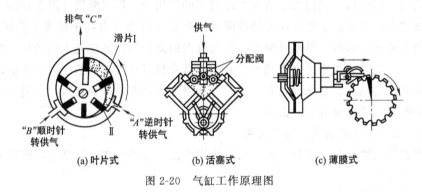

(a) 叶片式   (b) 活塞式   (c) 薄膜式

图 2-20   气缸工作原理图

2.3.1.4   气动控制元件

2.3.1.4.1   压力控制阀

（1）压力控制阀的作用及分类

气动系统不同于液压系统，一般每一个液压系统都自带液压源（液压泵）；而在气动系统中，一般来说由空气压缩机先将空气压缩，储存在储气罐内，然后经管路输送给各个气动装置使用。而储气罐的空气压力往往比各台设备实际所需要的压力高些，同时其压力波动值也较大。因此需要用减压阀（调压阀）将其压力减到每台装置所需的压力，并使减压后的压力稳定在所需压力值上。

有些气动回路需要依靠回路中压力的变化来实现控制两个执行元件的顺序动作，所用的这种阀就是顺序阀。顺序阀与单向阀的组合称为单向顺序阀。

　　所有的气动回路或储气罐为了安全起见，当压力超过允许压力值时，需要实现自动向外排气，这种压力控制阀叫安全阀（溢流阀）。

　　（2）减压阀（调压阀）

　　图 2-21 所示是 QTY 型直动式减压阀结构图。其工作原理是：当阀处于工作状态时，调节手柄 1、调压弹簧 2、3 及膜片 5，通过阀杆 6 使阀芯 8 下移，进气阀口被打开，有压气流从左端输入，经阀口节流减压后从右端输出。输出气流的一部分由阻尼管 7 进入膜片气室，在膜片 5 的下方产生一个向上的推力，这个推力总是企图把阀口开度关小，使其输出压力下降。当作用于膜片上的推力与弹簧力相平衡后，减压阀的输出压力便保持一定。

　　当输入压力发生波动时，如输入压力瞬时升高，输出压力也随之升高，作用于膜片 5 上的气体推力也随之增大，破坏了原来的力的平衡，使膜片 5 向上移动，有少量气体经溢流口 4、排气孔 11 排出。在膜片上移的同时，因复位弹簧 10 的作用，使输出压力下降，直到新的平衡为止。重新平衡后的输出压力又基本上恢复至原值。反之，输出压力瞬时下降，膜片下移，进气口开度增大，节流作用减小，输出压力又基本上回升至原值。

　　调节手柄 1 使弹簧 2、3 恢复自由状态，输出压力降至零，阀芯 8 在复位弹簧 10 的作用下，关闭进气阀口，这样，减压阀便处于截止状态，无气流输出。

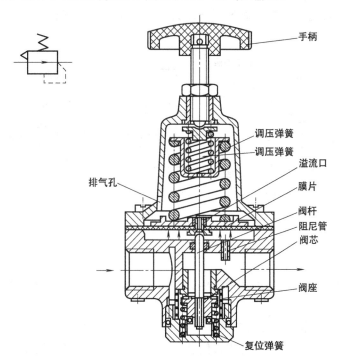

图 2-21　QTY 型减压阀结构图及其职能符号

　　QTY 型直动式减压阀的调压范围为 0.05～0.63MPa。为限制气体流过减压阀所造成的压力损失，规定气体通过阀内通道的流速在 15～25m/s 范围内。

　　安装减压阀时，要按气流的方向和减压阀上所示的箭头方向，依照分水滤气器—减压阀—油雾器的安装次序进行安装。调压时应由低向高调，直至规定的调压值为止。阀不用时应把手柄放松，以免膜片经常受压变形。

（3）顺序阀

顺序阀是依靠气路中压力的作用而控制执行元件按顺序动作的压力控制阀，如图 2-22 所示，它根据弹簧的预压缩量来控制其开启压力。当输入压力达到或超过开启压力时，顶开弹簧，于是 P 到 A 有输出；反之 A 无输出。

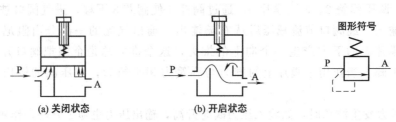

图 2-22　顺序阀工作原理图

顺序阀一般很少单独使用，往往与单向阀配合在一起，构成单向顺序阀。图 2-23 所示为单向顺序阀的工作原理图。当压缩空气由左端进入阀腔后，作用于活塞 3 上的压力超过压缩弹簧 2 上的力时，将活塞顶起，压缩空气从 P 经 A 输出，如图 2-23(a)，此时单向阀 4 在压差及弹簧力的作用下处于关闭状态。反向流动时，输入侧变成排气口，输出侧压力将顶开单向阀 4 由 O 口排气，见图 2-23(b)。

调节旋钮就可改变单向顺序阀的开启压力，以便在不同的开启压力下，控制执行元件的顺序动作。

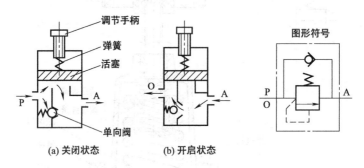

图 2-23　单向顺序阀工作原理图

（4）安全阀

当贮气罐或回路中压力超过某调定值，要用安全阀向外放气，安全阀在系统中起过载保护作用。

图 2-24 所示是安全阀工作原理图。当系统中气体压力在调定范围内时，作用在活塞 3 上的压力小于弹簧 2 的力，活塞处于关闭状态［图 2-24(a)］。当系统压力升高，作用在活塞 3 上的压力大于弹簧的预定压力时，活塞 3 向上移动，阀门开启排气［图 2-24(b)］。直到系统压力降到调定范围以下，活塞又重新关闭。开启压力的大小与弹簧的预压量有关。

2.3.1.4.2　流量控制阀

在气压传动系统中，有时需要控制气缸的运动速度，有时需要控制换向阀的切换时间和气动信号的传递速度，这些都需要调节压缩空气的流量来实现。流量控制阀就是通过改变阀的通流截面积来实现流量控制的元件。流量控制阀包括节流阀、单向节流阀、排气节流阀和快速排气阀等。

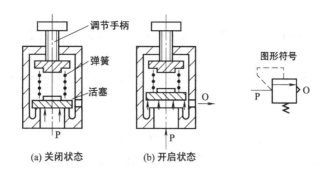

图 2-24　安全阀工作原理图

（1）节流阀

图 2-25 所示为圆柱斜切型节流阀的结构图。压缩空气由 P 口进入，经过节流后，由 A 口流出。旋转阀芯螺杆，就可改变节流口的开度，这样就调节了压缩空气的流量。由于这种节流阀的结构简单、体积小，故应用范围较广。

（2）单向节流阀

单向节流阀是由单向阀和节流阀并联而成的组合式流量控制阀，如图 2-26 所示。当气流沿着一个方向，例如 P-A［图 2-26(a)］流动时，经过节流阀节流；反方向［图 2-26(b)］流动，A-P 时单向阀打开，不节流。单向节流阀常用于气缸的调速和延时回路。

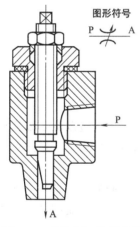

图 2-25　节流阀工作原理图

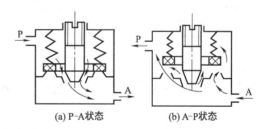

图 2-26　单向节流阀的工作原理图

（3）排气节流阀

排气节流阀是装在执行元件的排气口处，调节进入大气中气体流量的一种控制阀。它不仅能调节执行元件的运动速度，还常带有消声器件，所以也能起降低排气噪声的作用。

图 2-27 所示为排气节流阀工作原理图。其工作原理和节流阀类似，靠调节节流口 1 处的通流面积来调节排气流量，由消声套 2

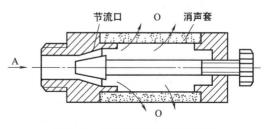

图 2-27　排气节流阀工作原理图
1—节流口；2—消声套

来减小排气噪声。

应当指出，用流量控制的方法控制气缸内活塞的运动速度，采用气动方式比采用液压方式困难。特别是在极低速控制中，要按照预定行程变化来控制速度，只用气动方式很难实现。在外部负载变化很大时，仅用气动流量阀也不会得到满意的调速效果。为提高其运动平稳性，建议采用气液联动。

（4）快速排气阀

图2-28所示为快速排气阀工作原理图。进气口P进入压缩空气，并将密封活塞迅速上推，开启阀口2，同时关闭排气口O，使进气口P和工作口A相通［图2-28（a）］。图2-28所示是P口没有压缩空气进入时，在A口和P口压差作用下，密封活塞迅速下降，关闭P口，使A口通过O口快速排气。

快速排气阀常安装在换向阀和气缸之间。图2-29表示了快速排气阀在回路中的应用。它使气缸的排气不用通过换向阀而快速排出，从而加速了气缸往复的运动速度，缩短了工作周期。

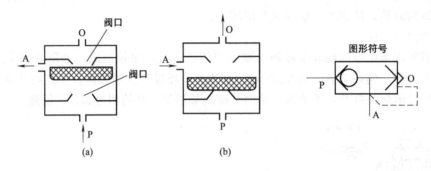

图2-28 快速排气阀工作原理

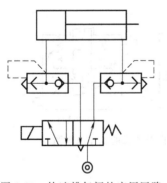

图2-29 快速排气阀的应用回路

2.3.1.4.3 方向控制阀

方向控制阀是气压传动系统中通过改变压缩空气的流动方向和气流的通断来控制执行元件启动、停止及运动方向的气动元件。

根据方向控制阀的功能、控制方式、结构方式、阀内气流的方向及密封形式等，可将方向控制阀分为几类。

下面仅介绍几种典型的方向控制阀。

（1）气压控制换向阀

气压控制换向阀是以压缩空气为动力切换气阀，使气路换向或通断的阀类。气压控制换向阀的用途很广，多用于组成全气阀控制的气压传动系统或易燃、易爆以及高净化等场合。

① 单气控加压式换向阀 图2-30所示为单气控加压式换向阀的工作原理。图2-30（a）所示是无气控信号K时的状态（即常态），此时，阀芯1在弹簧2的作用下处于上端位置，使阀A与O相通，A口排气。图2-30（b）所示是在有气控信号K时阀的状态（即动力阀状态）。由于气压力的作用，阀芯1压缩弹簧2下移，使阀口A与O断开，P与A接通，A口有气体输出。

图2-31所示为二位三通单气控截止式换向阀的结构图。这种结构简单、紧凑、密封可

靠、换向行程短，但换向力大。若将气控接头换成电磁头（即电磁先导阀），可变气控阀为先导式电磁换向阀。

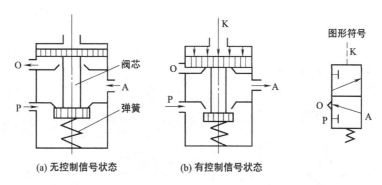

图 2-30 单气控加压式换向阀的工作原理图

② 双气控加压式换向阀 图 2-32 所示为双气控滑阀式换向阀的工作原理图。图 2-32（a）为有气控信号 K_2 时阀的状态，此时阀停在左边，其通路状态是 P 与 A、B 与 O_2 相通。图 2-32（b）为有气控信号 K_1 时的状态（此时信号 K_2 已不存在），阀芯换位，其通路状态变为户与 B、A 与 O 相通。双气控滑阀具有记忆功能，即气控信号消失后，阀仍能保持在有信号时的工作状态。

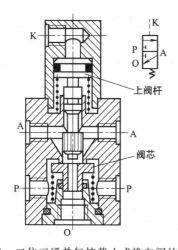

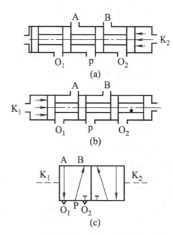

图 2-31 二位三通单气控截止式换向阀的结构图

图 2-32 双气控滑阀式换向阀的工作原理图

③ 差动控制换向阀 差动控制换向阀是利用控制气压作用在阀芯两端不同面积上所产生的压力差来使阀换向的一种控制方式。

图 2-33 所示为二位五通差压控制换向阀的结构原理图。阀的右腔始终与进气口 P 相通。在没有进气信号 K 时，控制活塞 13 上的气压力将推动阀芯 9 左移，其通路状态为 P 与 A、B 与 O_1 相通，A 口进气、B 口排气。当有气控信号 K 时，由于控制活塞 3 的端面积大于控制活塞 13 的端面积，作用在控制活塞 3 上的气压力将克服控制活塞 13 上的压力及摩擦力，推动阀芯 9 右移，气路换向，其通路状态为 P 与 B、A 与 O_2 相通，B 口进气、A 口排气。当气控信号 K 消失时，阀芯 9 借右腔内的气压作用复位。采用气压复位可提高阀的可靠性。

（2）电磁控制换向阀

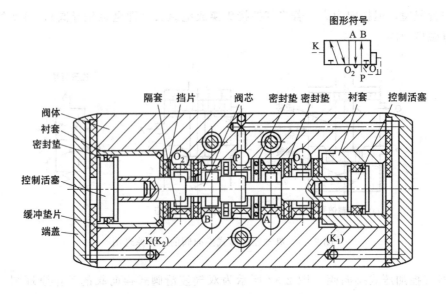

图 2-33　二位五通差压控制换向阀的结构原理图

电磁换向阀是利用电磁力的作用来实现阀的切换以控制气流的流动方向。常用的电磁换向阀有直动式和先导式两种。

① 直动式电磁换向阀　图 2-34 所示为直动式单电控电磁阀的工作原理图。它只有一个电磁铁。图 2-34(a) 为常态情况，即激励线圈不通电，此时阀在复位弹簧的作用下处于上端位置。其通路状态为 A 与 T 相通，A 口排气。当通电时，电磁铁 1 推动阀芯向下移动，气路换向，其通路为 P 与 A 相通，A 口进气，如图 2-34 (b)。

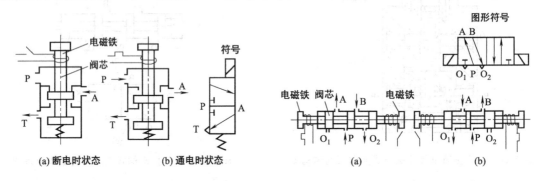

图 2-34　直动式单电控电磁阀的工作原理图　　　图 2-35　直动式双电控电磁阀的工作原理图

图 2-35 为直动式双电控电磁阀的工作原理图。它有两个电磁铁，当电磁铁 1 通电、电磁铁 2 断电 [图 2-35(a)]，阀芯被推向右端，其通路状态是 P 与 A、B 与 O_2 相通，A 口进气、B 口排气。当电磁铁 1 断电时，阀芯仍处于原有状态，即具有记忆性。当电磁铁 2 通电、电磁铁 1 断电 [图 2-35(b)]，阀芯被推向左端，其通路状态是 P 与 B、A 与 O_1 相通，B 口进气、A 口排气。若电磁线圈断电，气流通路仍保持原状态。

② 先导式电磁换向阀　直动式电磁阀是由电磁铁直接推动阀芯移动的，当阀通径较大时，用直动式结构所需的电磁铁体积和电力消耗都必然加大，为克服此弱点可采用先导式结构。

　　先导式电磁阀是由电磁铁首先控制气路，产生先导压力，再由先导压力推动主阀阀芯，使其换向。

　　图 2-36 所示为先导式双电控换向阀的工作原理图。当电磁先导阀 1 的线圈通电，而先导阀 2 断电时 [图 2-36(a)]，由于主阀 3 的 K_2 腔进气，K_2 腔排气，使主阀阀芯向右移动。此时 P 与 A、B 与 O_2 相通，A 口进气、B 口排气。当电磁先导阀 2 通电，而先导阀 1 断电时 [图 2-36(b)]，主阀的 K_2 腔进气，K_2 腔排气，使主阀阀芯向左移动。此时 P 与 B、A 与 O_1 相通，B 口进气、A 口排气。先导式双电控电磁阀具有记忆功能，即通电换向，断电保持原状态。为保证主阀正常工作，两个电磁阀不能同时通电，电路中要考虑互锁。

　　先导式电磁换向阀便于实现电气联合控制，所以应用广泛。

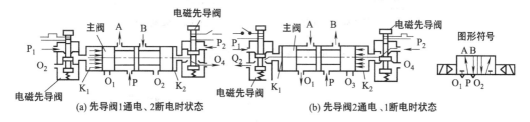

图 2-36　先导式双电控换向阀的工作原理图

　　（3）机械控制换向阀

　　机械控制换向阀又称行程阀，多用于行程程序控制，作为信号阀使用，常依靠凸轮、挡块或其他机械外力推动阀芯，使阀换向。

　　图 2-37 所示为机械控制换向阀的一种结构形式。当机械凸轮或挡块直接与滚轮 1 接触后，通过杠杆 2 使阀芯 5 换向。其优点是减少了顶杆 3 所受的侧向力；同时，通过杠杆传力也减少了外部的机械压力。

　　（4）人力控制换向阀

　　这类阀分为手动及脚踏两种操纵方式。手动阀的主体部分与气控阀类似，其操纵方式有多种形式，如按钮式、旋钮式、锁式及推拉式等。

　　图 2-38 所示为推拉式手动阀的工作原理和结构图。如用手压下阀芯 [图 2-38(a)]，则 P 与 B、A 与 O_1 相通。手放开，而阀依靠定位装置保持状态不变。当用手将阀芯拉出时 [图 2-38(b)]，则 P 与 A、B 与 O_2 相通，气路改变，并能维持该状态不变。

　　（5）梭阀

　　梭阀相当于两个单向阀组合的阀。图 2-39 为梭阀的工作原理图。

　　梭阀有两个进气口 P_1 和 P_2，一个工作口 A，阀芯 1 在两个方向上起单向阀的作用。其中，P_1 和 P_2 都可与 A 口相通，但 P_1 与 P_2 不相通。当 P_1 进气时，阀芯 1 右移，封住 P_2 口，使 P_1 与 A 相通，A 口进气，见

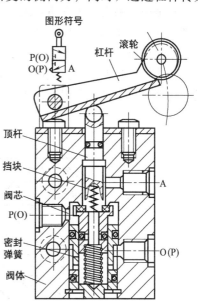

图 2-37　机械控制换向阀

图 2-39(a)。反之，P_2 进气时，阀芯 1 左移，封住 P_1 口，使 P_2 与 A 相通，A 口也进气。若 P_1 与 P_2 都进气时，阀芯就可能停在任意一边，这主要看压力加入的先后顺序和压力的大小而定。若 P_1 与 P_2 不等，则高压口的通道打开，低压口被封闭，高压气流从 A 口输出。

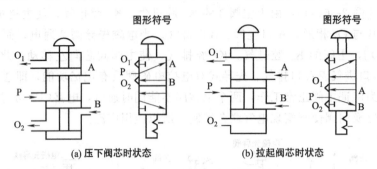

图 2-38 推拉式手动阀的工作原理和结构图

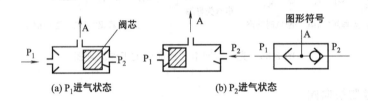

图 2-39 梭阀的工作原理图

梭阀的应用很广，多用于手动与自动控制的并联回路中。

2.3.1.4.4 气动逻辑元件

它是用压缩空气为介质，通过元件内部的可动部件在气控信号作用下动作，改变气流方向来实现一定逻辑功能的气动控制元件。

气动逻辑元件具有如下特点：元件流道孔道较大，抗污染能力较强（射流元件除外）；元件无功耗气量低；带负载能力强；连接、匹配方便简单，调试容易，抗恶劣工作环境能力强；运算速度较慢，在强烈冲击和振动条件下，可能出现误动作。

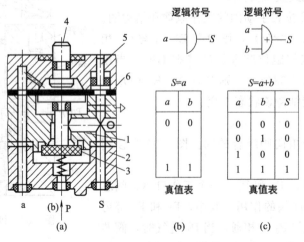

图 2-40 "是门"和"与门"元件及逻辑关系

按结构形式可分截止式逻辑元件、膜片式逻辑元件、滑阀式逻辑元件和射流元件。

逻辑元件的逻辑功能如下。

与门：当 a、b 同时有信号，S 口有信号输出；当 a、b 口只有一个气信号时，S 口均无信号输出，逻辑表达式为 $S=a \cdot b$。逻辑符号如图 2-40 所示。

是门：当 a 口有信号输入，气源气流（图 2-40 所示 b 口改为气源 P）就从 S 口输出。逻辑表达式 $S=a$，逻辑符号如图 2-40(b) 所示。

或门：当 a、b 口有一个有气信号，S 口就有气信号，有信号输出。若 a、b 两个口均有输入，则信号强者将关闭信号弱者的阀口，S 口仍然有气信号输出。

逻辑表达式为 $S=a+b$。逻辑符号如图 2-41(b) 所示。

非门：当 a 口有信号输入，S 口无信号输出；当 a 口无信号输入，S 口有信号输出。逻辑表达式为 $S=\bar{a}$。逻辑符号如图 2-42(b) 所示。

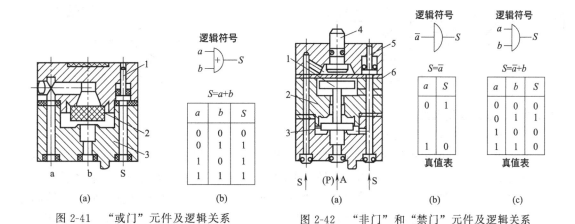

图 2-41　"或门"元件及逻辑关系　　　　图 2-42　"非门"和"禁门"元件及逻辑关系

或非元件：该元件有三个输入口，一个输出口，一个气源口。三个输入口中任一个有气信号，S 口就无输出。逻辑表达式为 $S=a+b+c$。逻辑符号如图 2-43 所示。

2.3.2　气动基本回路

气压传动系统的形式很多，是由不同功能的基本回路所组成的。如换向回路、速度控制回路、压力控制回路、位置控制回路、基本逻辑回路。

2.3.2.1　压力控制回路

压力控制回路的功用是使系统保持在某一规定的压力范围内。常用的有一次压力控制回路、二次压力控制回路和高低压转换回路。

（1）一次压力控制回路

如图 2-44 所示，这种回路用于控制储气罐的气体压力，常用外控溢流阀 1 保持供气压力基本恒定，或用

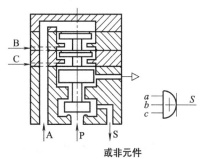

图 2-43　或非元件及逻辑关系

电接点压力表 2 控制空气压缩机启停，使贮气罐内压力保持在规定的范围内。

（2）二次压力控制回路

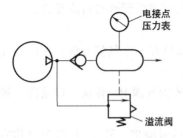

图 2-44 一次压力控制回路

为保证气动系统使用的气体压力为一稳定值，多用如图2-45所示的由空气过滤器—减压阀—油雾器（气动三大件）组成的二次压力控制回路，但要注意，供给逻辑元件的压缩空气不要加入润滑油。

（3）高低压转换回路

该回路利用两只减压阀和一只换向阀间或输出低压或高压气源，如图2-46所示。若去掉换向阀，就可同时输出高低压两种压缩空气。

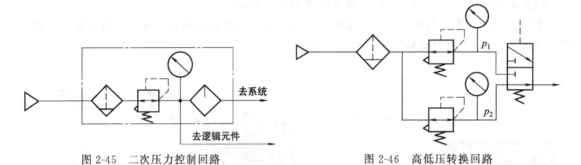

图 2-45　二次压力控制回路　　　　　　图 2-46　高低压转换回路

2.3.2.2　方向控制回路

（1）单作用气缸换向回路

如图2-47所示的为单作用气缸换向回路，图2-47(a)是用二位三通电磁阀控制的单作用气缸上、下回路。该回路中，当电磁铁得电时，气缸向上伸出，失电时气缸在弹簧作用下返回。图2-47(b)所示为三位四通电磁阀控制的单作用气缸上、下和停止的回路，该阀在两电磁铁均失电时能自动对中，使气缸停于任何位置，但定位精度不高，且定位时间不长。

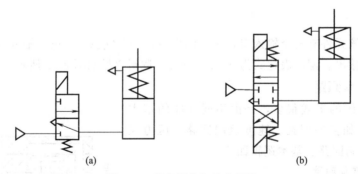

(a)　　　　　　　　　　　　　(b)

图 2-47　单作用气缸换向回路

（2）双作用气缸换向回路

图2-48所示为各种双作用气缸的换向回路。图2-48(a)是比较简单的换向回路；图2-48(c)有中停位置，但中停定位精度不高；图2-48(d)、(e)、(f)的两端控制电磁铁线圈或按钮不能同时操作，否则将出现误动作，其回路相当于双稳的逻辑功能；图2-48（b）回路中，当A有压缩空气时气缸推出，反之，气缸退回。

2.3.2.3　速度控制回路

2.3.2.3.1　单作用气缸速度控制回路

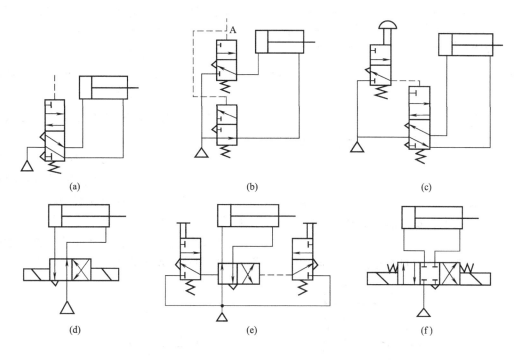

图 2-48　各种双作用气缸的换向回路

　　图 2-49 所示为单作用气缸速度控制回路，在图 2-49(a) 中，升、降均通过节流阀调速，两个相反安装的单向节流阀可分别控制活塞杆的伸出及缩回速度。在图 2-49(b) 所示的回路中，气缸上升时可调速，下降时则通过快排气阀排气，使气缸快速返回。

2.3.2.3.2　双作用气缸速度控制回路

（1）单向调速回路

　　单向调速有节流供气和节流排气两种调速方式。

　　图 2-50(a) 所示为节流供气调速回路，在图示位置，当气控换向阀不换向时，进入气缸A腔的气流流经节流阀，B腔排出的气体直接经换向阀快排。图 2-50(b) 所示的为节流排气的回路，在图示位置，当气控换向阀不换向时，压缩空气经气控换向阀直接进入气缸的A腔，而B腔排出的气体经节流阀到气控换向阀而排入大气，因而B腔中的气体就具有一定的压力。调节节流阀的开度，就可控制不同的进气、排气速度，从而也就控制了活塞的运动速度。

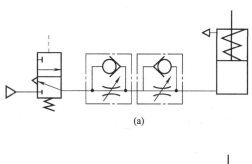

(a)

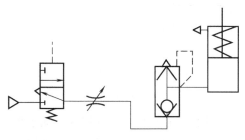

(b)

图 2-49　单作用气缸速度控制回路

（2）双向调速回路

　　在气缸的进、排气口装设节流阀，就组成了双向调速回路，在图 2-51 所示的双向节流调速回路中，图 2-51 (a) 所示为采用单向节流

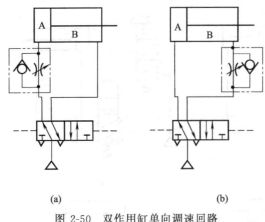

(a)   (b)

图 2-50 双作用缸单向调速回路

阀式的双向节流调速回路，图 2-51(b) 所示为采用排气节流阀的双向节流调速回路。

2.3.2.3.3 快速往复运动回路

若将图 2-51(a) 中两只单向节流阀换成快速排气阀，就构成了快速往复回路（图 2-52）。若欲实现气缸单向快速运动，可只采用一只快速排气阀。

2.3.2.3.4 速度换接回路

如图 2-53 所示的速度换接回路是利用两个二位二通阀与单向节流阀并联，当撞块压下行程开关时，发出电信号，使二位二通阀换向，改变排气通路，从而使气缸速度改变。行程开关的位置可根据需要选定。图中二位二通阀也可改用行程阀。

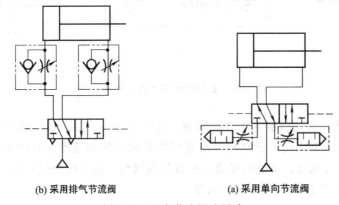

(b) 采用排气节流阀   (a) 采用单向节流阀

图 2-51 双向节流调速回路

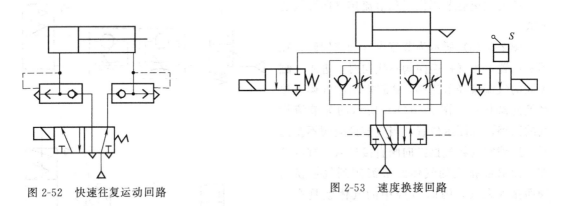

图 2-52 快速往复运动回路   图 2-53 速度换接回路

2.3.2.3.5 缓冲回路

要获得气缸行程末端的缓冲，除采用带缓冲的气缸外，特别在行程长、速度快、惯性大的情况下，往往需要采用缓冲回路来满足气缸运动速度的要求，常用的方法如图 2-54 所示。图 2-54(a) 所示回路能实现快进—慢进缓冲—停止快退的循环，行程阀可根据需要来调整缓冲开始位置，这种回路常用于惯性力大的场合。图 2-54(b) 所示回路的特点是，当活塞返回到行程末端时，其左腔压力已降至打不开顺序阀 2 的程度，余气只能经节流阀 1 排出，因此活塞得到缓冲，这种回路都只能实现一个运动方向上的缓冲，若两侧均安装此回路，可达到双向缓冲的目的。

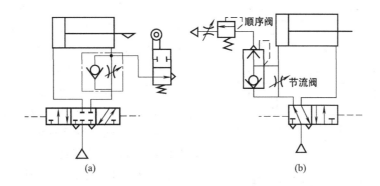

图 2-54　缓冲回路

2.3.2.4　换向回路

（1）单作用气缸换向回路

如图 2-55 所示为单作用气缸换向回路，用三位五通换向阀可控制单作用气缸伸、缩、任意位置停止。

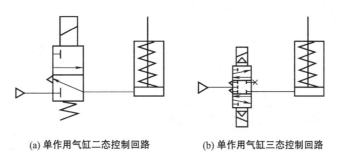

(a) 单作用气缸二态控制回路　　(b) 单作用气缸三态控制回路

图 2-55　单作用气缸换向回路

（2）双作用气缸换向回路

如图 2-56 所示为双作用气缸换向回路，用三位五通换向阀除控制双作用缸伸、缩换向外，还可实现任意位置停止。

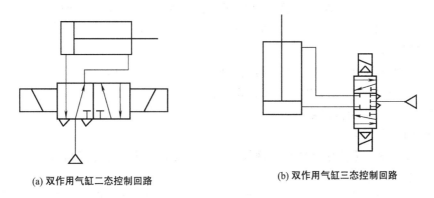

(a) 双作用气缸二态控制回路　　　　　(b) 双作用气缸三态控制回路

图 2-56　双作用气缸换向回路

2.3.2.5 位置控制回路

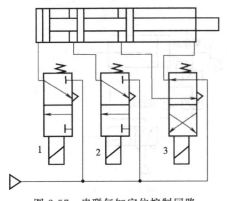

图 2-57 串联气缸定位控制回路

（1）串联气缸定位控制回路

如图 2-57 所示，气缸由多个不同行程的气缸串联而成。换向阀 1、2、3 依次得电和同时失电，可得到四个定位位置。

（2）任意位置停止回路

如图 2-58 所示，当气缸负载较小时，可选择图 2-58(a) 所示回路，当气缸负载较大时，应选择图 2-58(b) 所示回路。

2.3.2.6 常用基本回路

2.3.2.6.1 安全保护回路

（1）过载保护回路

如图 2-59 所示，正常工作时，阀 1 得电，使阀 2 换向，气缸活塞杆外伸。如果活塞杆受压的方向发生过载，则顺序阀动作，阀 3 切换，阀 2 的控制气体排出，在弹簧力作用下换至图示位置，使活塞杆缩回。

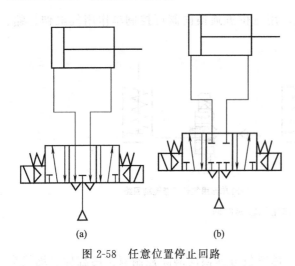

(a)　　　　(b)

图 2-58 任意位置停止回路

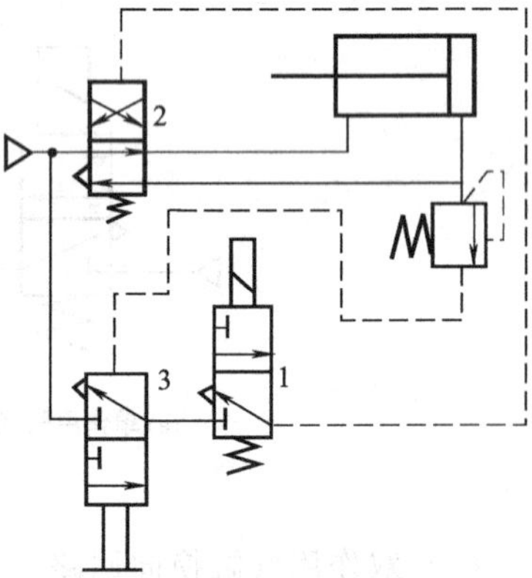

图 2-59 过载保护回路

（2）双手保护回路

如图 2-60 所示为双手保护回路，只有同时按下两个启动用手动换向阀，气缸才动作，对操作人员的手起到安全保护作用，应用于冲床、锻压机床上。

（3）互锁回路

如图 2-61 所示为互锁回路，该回路利用梭阀 1、2、3 和换向阀 4、5、6 实现互锁，防止各缸活塞同时动作，保证只有一个活塞动作。

2.3.2.6.2 同步动作回路

（1）简单的同步回路

如图 2-62 所示，采用刚性零件把两尺寸相同的气缸的活塞杆连接起来。

（2）往复动作回路

如图 2-63 所示为单往复动作回路。按下手动阀，二位五通换向阀处于左位，气缸外伸；当活塞杆挡块压下机动阀后，二位五通换向阀至右位，气缸缩回，完成一次往复运动。

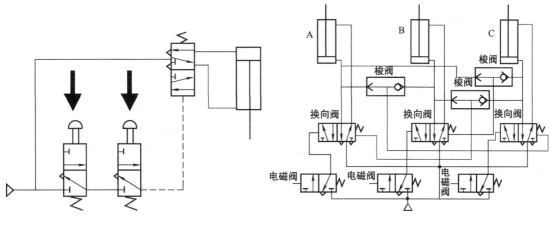

图 2-60　双手保护回路　　　　　　　　　　图 2-61　互锁回路

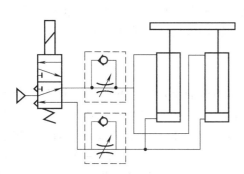

图 2-62　简单的同步回路

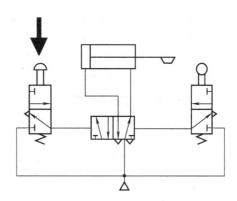

图 2-63　单往复动作回路

（3）连续往复动作回路

如图 2-64 所示为连续往复动作回路，手动阀 1 换向，高压气体经阀 3 使阀 2 换向，气缸活塞杆外伸，阀 3 复位，活塞杆挡块压下行程阀 4 时，阀 2 换至左位，活塞杆缩回，阀 4 复位，当活塞杆缩回压下行程阀 3 时，阀 2 再次换向，如此循环往复。

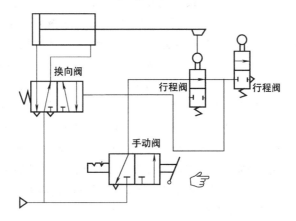

图 2-64　连续往复动作回路

2.4　执行机构

2.4.1　步进电动机

步进电动机是一种将电脉冲信号转换成角位移或线位移的机电元件。步进电动机的输入量是脉冲序列，输出量则为相应的增量位移或步进运动。正常运动情况下，它每转一周具有固定的步数；做连续步进运动时，其旋转转速与输入脉冲的频率保持严格的对应关系，不受电压波动和负载变化的影响。由于步进电动机能直接接受数字量的控制，所以特别适宜采用微机进行控制。

2.4.1.1　步进电动机的种类

目前常用的有三种步进电动机。

① 反应式步进电动机（VR）：反应式步进电动机结构简单，生产成本低，步距角小；但动态性能差。

② 永磁式步进电动机（PM）：永磁式步进电动机出力大，动态性能好；但步距角大。

③ 混合式步进电动机（HB）：混合式步进电动机综合了反应式、永磁式步进电动机两者的优点，它的步距角小，出力大，动态性能好，是目前性能最高的步进电动机。它有时也称作永磁感应子式步进电动机。

2.4.1.2　步进电动机的工作原理

图 2-65 所示是最常见的三相反应式步进电动机的剖面示意图。电动机的定子上有六个均布的磁极，其夹角是 60°。各磁极上套有线圈，按图连成 A、B、C 三相绕组。转子上均布 40 个小齿，所以每个齿的齿距为 $\theta_E=360°/40=9°$，而定子每个磁极的极弧上也有 5 个小齿，且定子和转子的齿距和齿宽均相同。由于定子和转子的小齿数目分别是 30 和 40，其比值是一分数，这就产生了所谓的齿错位的情况。若以 A 相磁极小齿和转子的小齿对齐，那么 B 相和 C 相磁极的齿就会分别和转子齿相错三分之一的齿距，即 3°。因此，B、C 极下的磁阻比 A 磁极下的磁阻大。若给 B 相通电，B 相绕组产生定子磁场，其磁力线穿越 B 相磁极，并力图按磁阻最小的路径闭合，这就使转子受到反应转矩（磁阻转矩）的作用而转动，直到 B 磁极上的齿与转子齿对齐，恰好转子转过 3°；此时 A、C 磁极下的齿又分别与转

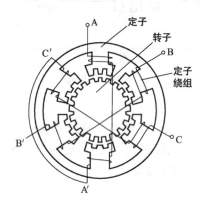

图 2-65　三相反应式 步进电动机
的结构示意图

子齿错开三分之一齿距。接着停止对 B 相绕组通电，而改为 C 相绕组通电，同理受反应转矩的作用，转子按顺时针方向再转过 3°。依此类推，当三相绕组按 A→B→C→A 顺序循环通电时，转子会按顺时针方向以每个通电脉冲转动 3° 的规律步进式转动起来。若改变通电顺序，按 A→C→B→A 顺序循环通电，则转子就按逆时针方向以每个通电脉冲转动 3° 的规律转动。因为每一瞬间只有一相绕组通电，并且按三种通电状态循环通电，故称为单三拍运行方式。单三拍运行时的步距角 θ_b 为 30°。三相步进电动机还有两种通电方式，它们分别是双三拍运行，即按 AB→BC→CA→AB 顺序循环通电的方式，以及单、双六拍运行，即按 A→AB→B→BC→C→CA→A 顺序循环通电的方式。六拍运行时的步距角将减小一半。反应式步进电动机的步

距角可按下式计算

$$\theta_b = \frac{360°}{NEr}$$

式中，Er 为转子齿数；N 为运行拍数；$N = km$，m 为步进电动机的绕组相数；$k = 1$ 或 2。

2.4.1.3 步进电动机的驱动方法

步进电动机不能直接接到工频交流或直流电源上工作，而必须使用专用的步进电动机驱动器，如图 2-66 所示，它由脉冲发生控制单元、功率驱动单元、保护单元等组成。图中点划线所包围的两个单元可以用微机控制来实现。驱动单元与步进电动机直接耦合，也可理解成步进电动机微机控制器的功率接口，这里予以简单介绍。

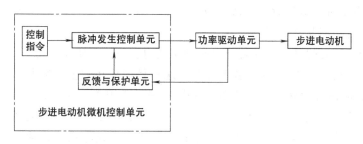

图 2-66　步进电动机驱动控制器

（1）单电压功率驱动接口

实用电路如图 2-67 所示。在电动机绕组回路中串有电阻 R_s，使电动机回路时间常数减小，高频时电动机能产生较大的电磁转矩，还能缓解电动机的低频共振现象，但它引起附加的损耗。一般情况下，简单单电压驱动线路中，R_s 是不可缺少的。R_s 对步进电动机单步响应的改善如图 2-67(b) 所示。

（2）双电压功率驱动接口

双电压驱动的功率接口如图 2-68 所示。双电压驱动的基本思路是在低速（低频段）时用较低的电压 U_L 驱动，而在高速（高频

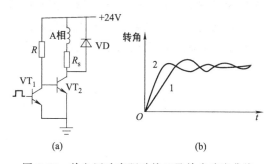

图 2-67　单电压功率驱动接口及单步响应曲线

段）时用较高的电压 U_H 驱动。这种功率接口需要两个控制信号，U_h 为高压有效控制信号，U 为脉冲调宽驱动控制信号。图中，功率管 VT_H 和二极管 VD_L 构成电源转换电路。当 U_h 为低电平，VT_H 关断，VD_L 正偏置，低电压 U_L 对绕组供电。反之 U_h 高电平，VT_H 导通，VD_L 反偏，高电压 U_H 对绕组供电。这种电路可使电动机在高频段也有较大出力，而静止锁定时功耗减小。

（3）高低压功率驱动接口

高低压功率驱动接口如图 2-69 所示。高低压驱动的设计思想是，不论电动机工作频率如何，均利用高电压 U_H 供电来提高导通相绕组的电流前沿，而在前沿过后，用低电压 U_L 来维持绕组的电流。这一作用同样改善了驱动器的高频性能，而且不必再串联电阻 R_s，消除了附加损耗。高低压驱动功率接口也有两个输入控制信号 U_h 和 U_l，它们应保持同步，且前沿在同一时刻跳变，如图 2-69 所示。图中，高压管 VT_H 的导通时间 t_1 不能太大，也

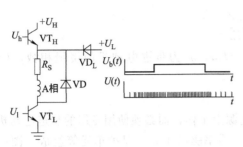

图 2-68　双电压功率驱动接口

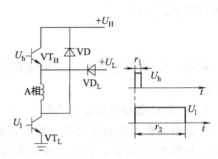

图 2-69　高低压功率驱动接口

不能太小。太大时，电动机电流过载；太小时，动态性能改善不明显。一般可取 $1\sim3\mathrm{ms}$（当这个数值与电动机的电气时间常数相当时比较合适）。

（4）斩波恒流功率驱动接口

恒流驱动的设计思想是，设法使导通相绕组的电流不论在锁定、低频、高频工作时均保持固定数值，使电动机具有恒转矩输出特性。这是目前使用较多、效果较好的一种功率接口。图 2-70 是斩波恒流功率接口原理图。图中 R 是一个用于电流采样的小阻值电阻，称为采样电阻。当电流不大时，VT_1 和 VT_2 同时受控于走步脉冲，当电流超过恒流给定的数值，VT_2 被封锁，电源 U 被切除。由于电动机绕组具有较大电感，此时靠二极管 VD 续流，维持绕组电流，电动机靠消耗电感中的磁场能量产生出力。此时电流将按指数曲线衰减，同样电流采样值将减小。当电流小于恒流给定的数值，VT_2 导通，电源再次接通。如此反复，电动机绕组电流就稳定在由给定电平所决定的数值上，形成小小的锯齿波，如图 2-70 所示。斩波恒流功率驱动接口也有两个输入控制信号，其中 u_1 是数字脉冲，u_2 是模拟信号。这种功率接口的特点是：高频响应大大提高，接近恒转矩输出特性，共振现象消除，但线路较复杂。目前已有相应的集成功率模块可供采用。

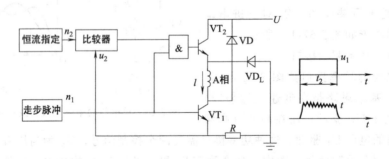

图 2-70　斩波恒流功率驱动接口

（5）升压功率驱动接口

为了进一步提高驱动系统的高频响应，可采用升频升压功率驱动接口。这种接口对绕组提供的电压与电动机的运行频率成线性关系。它的主回路实际上是一个开关稳压电源，利用频率-电压变换器，将驱动脉冲的频率转换成直流电平，并用此电平去控制开关稳压电源的输入，这就构成了具有频率反馈的功率驱动接口。

（6）集成功率驱动接口

目前已有多种用于小功率步进电动机的集成功率驱动接口电路可供选用。

L298 芯片是一种桥式驱动器，它设计成接受标准 TTL 逻辑电平信号，可用来驱动电感性负载。H 桥可承受 46V 电压,相电流高达 2.5A。L298"或"(XQ298,SGS298)的逻辑电路使用 5V 电源,功放级使用 5～46V 电压,下桥发射极均单独引出,以便接入电流取样电阻。L298 等采用 15 脚双列直插小瓦数式封装,工业品等级。它的内部结构如图 2-71 所示。H 桥驱动的主要特点是能够对电动机绕组进行正、反两个方向通电。L298 特别适用于对二相或四相步进电动机的驱动。

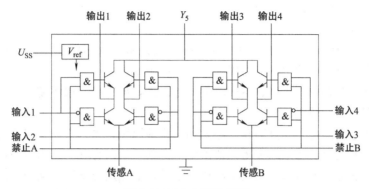

图 2-71 L298 原理框图

与 L298 类似的电路还有 TER 公司的 3717,它是单 H 桥电路。SGS 公司的 SG3635 是单桥臂电路,IR 公司的 IR2130 是三相桥电路,Allegro 公司有 A2916、A3953 等小功率驱动模块。

图 2-72 是使用 L297(环形分配器专用芯片)和 L298 构成的具有恒流斩波功能的步进电动机驱动系统。

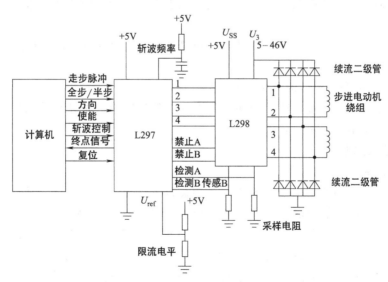

图 2-72 专用芯片构成的步进电动驱动系统

2.4.2 电磁阀

电磁阀是用来控制流体的方向的自动化基础元件,属于执行器,通常用于机械控制和工业阀门上面,对介质方向进行控制,从而达到对阀门开关的控制。

2.4.2.1 工作原理

电磁阀里有密闭的腔,在不同位置开有通孔,每个孔都通向不同的油管,腔中间是阀,两面是两块电磁铁，哪面的磁铁线圈通电阀体就会被吸引到哪边，通过控制阀体的移动来挡住或漏出不同的排油的孔，而进油孔是常开的，液压油就会进入不同的排油管，然后通过油的压力来推动油缸的活塞，活塞又带动活塞杆，活塞杆带动机械杆装置运动。这样通过控制电磁铁的电流就控制了机械运动。

2.4.2.2 分类

2.4.2.2.1 电磁阀按原理分类

（1）直动式电磁阀

直动式电磁阀通电时，电磁线圈产生电磁力把关闭件从阀座上提起，阀门打开；断电时，电磁力消失，弹簧把关闭件压在阀座上，阀门关闭。

该阀的特点是在真空、负压、零压时能正常工作，但通径一般不超过 25mm。

（2）分步直动式电磁阀

分步直动式电磁阀是一种直动和先导式相结合的原理，当入口与出口没有压差时，通电后，电磁力直接把先导阀和主阀关闭件依次向上提起，阀门打开。当入口与出口达到启动压差时，通电后，电磁力先导阀、主阀下腔压力上升，上腔压力下降，从而利用压差把主阀向上推开；断电时，先导阀利用弹簧力或介质压力推动关闭件，向下移动，使阀门关闭。

该阀的特点是在零压差或真空、高压时亦能可靠动作，但功率较大，要求必须水平安装。

（3）先导式电磁阀

先导式电磁阀通电时，电磁力把先导孔打开，上腔室压力迅速下降，在关闭件周围形成上低下高的压差，流体压力推动关闭件向上移动，阀门打开；断电时，弹簧力把先导孔关闭，入口压力通过旁通孔在关阀件周围形成下低上高的压差，流体压力推动关闭件向下移动，关闭阀门。

该阀的特点是流体压力范围上限较高，可任意安装（需定制），但必须满足流体压差条件。

2.4.2.2.2 电磁阀按结构和材料上分类

分为六个分支小类：直动膜片结构、分步直动膜片结构、先导膜片结构、直动活塞结构、分步直动活塞结构、先导活塞结构。

2.4.2.3 电磁阀选型

（1）选型的原则

① 适用性　管路中的流体必须和选用的电磁阀系列型号中标定的介质一致。流体的温度必须小于选用电磁阀的标定温度。电磁阀允许液体黏度一般在 20CST 以下，大于 20CST 应注明。工作压差，管路最高压差小于 0.04MPa 时，应选用如 ZS，2W，ZQDF、ZCM 等系列直动式和分步直动式；最低工作压差大于 0.04MPa 时，可选用先导式（压差式）电磁阀；最高工作压差应小于电磁阀的最大标定压力；一般电磁阀都是单向工作，因此要注意是否有反压差，如有安装止回阀。流体清洁度不高时，应在电磁阀前安装过滤器，一般电磁阀对介质要求清洁度要好。注意流量孔径和接管口径；电磁阀一般只有开关两位控制；条件允许可安装旁路管，便于维修；有水锤现象时要定制电磁阀的开闭时间调节。注意环境温度对电磁阀的影响；电源电流和消耗功率应根据输出容量选取，电源电压变化一般允许±10%，必须注意交流启动时伏·安值较高。

② 可靠性　电磁阀分为常闭和常开两种；一般选用常闭型，通电打开，断电关闭；但

在开启时间很长、关闭时间很短时，要选用常开型。寿命试验，工厂一般属于型式试验项目。中国还没有电磁阀的专业标准，因此选用电磁阀厂家时要慎重。动作时间很短、频率较高时，一般选取直动式，大口径选用快速系列。

③ 安全性　一般电磁阀不防水，在条件允许时选用防水型，工厂可以定做。电磁阀的最高标定公称压力一定要超过管路内的最高压力，否则使用寿命会缩短或产生其他意外情况。有腐蚀性液体的应选用全不锈钢型，强腐蚀性流体宜选用塑料王（SLF）电磁阀，爆炸性环境必须选用相应的防爆产品。

④ 经济性　有很多电磁阀可以通用，但在能满足以上三点的基础上应选用最经济的产品。

电磁阀的选型：电磁阀选型首先应该依次遵循安全性，可靠性，适用性，经济性四大原则，其次是根据六个方面的现场工况（即管道参数、流体参数、压力参数、电气参数、动作方式、特殊要求）进行选择。

（2）选型依据

可根据管道参数、流体参数、压力参数、电压规格等选择电磁阀，这里不详述。

2.4.3　伺服电动机

伺服电动机也称执行电动机，在自动控制系统中作为执行元件，其任务是把接收的电信号转变为轴上的角位移或角速度。这种电动机有信号时就动作，没有信号时就立即停止。伺服电动机分为直流伺服电动机和交流伺服电动机。伺服电动机的工作条件与一般动力用电动机有很大区别，它的启动、制动和反转十分频繁，多数时间电动机转速处在零或低速状态等过渡过程中。因此对伺服电动机的性能有如下要求。

① 无"自转"现象。即当信号电压为零时，电动机应迅速自行停转。

② 具有下垂的机械特性。在控制电压改变时，电动机能在较宽的转速范围内稳定运行。

③ 具有线性的机械特性和调节特性。

④ 快速响应。即对信号反应灵敏，机电时间常数要小。

2.4.3.1　直流伺服电动机

（1）直流伺服电动机的结构

直流伺服电动机实际上就是一台他励直流电动机，其结构与普通小型直流电动机相同。

（2）工作原理

直流伺服电动机的工作原理和普通直流电动机完全相同，其原理如图 2-73 所示。当磁极有磁通，绕组中有电流流过时，电枢电流与磁通作用产生转矩，伺服电动机就动作，其基本关系式同普通直流电动机一样。

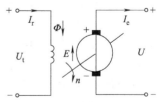

图 2-73　电磁式直流伺服电动机的线路图

（3）控制方式

直流伺服电动机的控制方式有两种：电枢控制和磁场控制。

所谓电枢控制，即磁场绕组加恒定励磁电压，电枢绕组加控制电压，当负载转矩恒定时，电枢的控制电压升高，电动机的转速就升高；反之，减小电枢控制电压，电动机的转速就降低，改变控制电压的极性，电动机就反转；控制电压为零，电动机就停转。

电动机也可采用磁场控制，即磁场绕组加控制电压、电枢绕组加恒定电压的控制方式。

改变励磁电压的大小和方向，就能改变电动机的转速与转向。

电枢控制的主要优点：没有控制信号时，电枢电流等于零，电枢中没有损耗，只有不大的励磁损耗；磁极控制优点是控制功率小。自动控制系统中多采用电枢控制方式。

（4）控制特性

① 机械特性　机械特性是指励磁电压 U_f 恒定，电枢的控制电压 U_k 为一个定值时，电动机的转速 n 和电磁转矩 T 之间的关系，即 $n=f(T)$，如图 2-74（a）所示。

② 调节特性　调节特性是指电磁转矩恒定时，电动机的转速随控制电压的变化关系，即 $n=f(U_k)$，如图 2-74（b）所示。

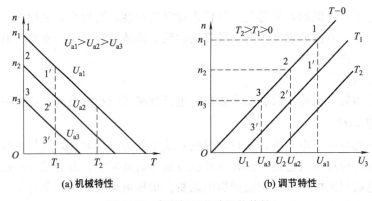

(a) 机械特性　　　　　　(b) 调节特性

图 2-74　直流伺服电动机的特性

由图 2-74 中可看出，机械特性是线性的。这些特性曲线与纵轴的交点为电磁转矩等于零时电动机的理想空载转速 n_0。在实际的电动机中，当电机轴上不带负载时，因它本身有空载损耗，电磁转矩并不为零。为此，转速 n 是指在理想空载时的电动机转速，故称理想空载转速。机械特性曲线与横轴的交点为电动机堵转时的转矩，即电动机的堵转转矩 T_k。从图中可看出，随着控制电压 U_k 增大，电动机的机械特性曲线平行地向转速和转矩增加的方向移动，但是它的斜率保持不变。

从调节特性曲线上看，调节特性曲线与横轴的交点就表示在某一电磁转矩时，电动机的始动电压。若转矩一定时，电动机的控制电压大于相应的始动电压，电动机便能启动并达到某一转速；反之，控制电压小于相应的始动电压，则这时电动机所能产生的最大电磁转矩仍小于所要求的转矩值，故不能启动。所以，在调节特性曲线上原点到始动电压点的这一段横坐标所示的范围，称为某一电磁转矩值时伺服电动机的失灵区。显然失灵区的大小与电磁转矩的大小成正比。

2.4.3.2　交流伺服电动机

（1）交流伺服电动机的结构

交流伺服电动机是两相异步电动机，其定子槽内嵌有两套空间相差 90°电角度的定子绕组，一套是励磁绕组，另一套是控制绕组。交流伺服电动机转子有两种基本结构形式：一种是笼型转子，与普通三相异步电动机笼型转子相似，只是外形上细而长，以利于减小转动惯量；另一种为非磁性空心杯形转子。

（2）工作原理

图 2-75 所示为交流伺服电动机的原理接线图。

由于控制绕组和励磁绕组在空间上相差 90°角度，根据旋转磁场理论，只要控制电压的相位与励磁电压的相位不同，就能在电动机中产生一个两相旋转磁场，使电动机旋转起来。若没有控制电压加于控制绕组，电动机中产生的是单相脉冲磁场，电动机不能旋转。但如果电动机处在旋转状态下，当控制电压消失时，即 $U_k=0$ 时，能否马上停转呢？根据单相异步电动机理论可知，此时的电动机在单相磁场的作用下会继续按原旋转方向转动，只是转速略有下降，但不会停转。这种在控制电压消失后电动机仍然旋转不停的现象称为"自转"。自转现象破坏了伺服电动机的伺服性，显然是要避免的。那么交流伺服电动机是怎样避免自转现象的呢？

图 2-76 所示的机械特性是只有一相绕组通电时的机械特性，其正转电磁转矩特性曲线 $T_+=f(s)$ 上，$T_+=T_{m+}$ 时的临界转差率 $s_m=1$，$T_-=f(s)$ 与 $T_+=f(s)$ 对称。因此，电动机总的电磁转矩特性 $T=f(s)$ 具有以下的特点。

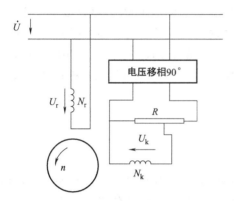

图 2-75　交流伺服电动机的原理接线图

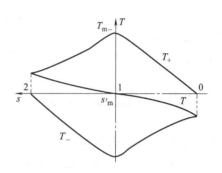

图 2-76　交流伺服电动机自转现象的避免

① 过零，无启动转矩。

② $0<n<n_1$ 时，$T<0$，是制动转矩；$-n_1<n<0$ 时，$T>0$，也是制动转矩。

在这种情况下，本来旋转的交流伺服电动机若控制电压消失后，电动机由励磁绕组单相通电运行时的电磁转矩是制动性的，电动机将停转。因此，只要 $s_m\geq1$，就能避免自转现象。实际的交流伺服电动机，通常是采取增大转子回路的电阻以加大 s_m 的，因为 s_m 与转子电阻成正比，所以交流伺服电动机转子电阻相对于一般异步电动机来说是很大的。

（3）控制方式

对于两相伺服电动机，若在两相对称绕组中外加两相对称电压，便可得到圆形旋转磁场。否则，若两相电压因幅值不同，或者相位差不是 90°电角度，所得到的便是椭圆形旋转磁场。

两相伺服电动机运行时，控制绕组所加的控制电压 U_k 是变化的。一般说来，得到的是椭圆形磁场，并由此产生电磁转矩而使电动机旋转。若改变控制电压的大小或改变它与励磁电压 U_f 之间的相位角，都能使电动机气隙中旋转磁场的椭圆度发生变化，从而影响到电磁转矩。当负载转矩一定时，通过调节控制电压的大小或相位差来达到改变电动机转速的目的。因此，交流伺服电动机的控制方式有以下三种。

① 幅值控制方式　这种控制方式是通过调节控制电压的大小来改变电动机的转速。而控制电压 U_k 与励磁电压 U_f 之间的相位差始终保持 90°电角度。当控制电压 $U_k=0$ 时，电动机停转，即 $n=0$。

② 相位控制方式　这种控制方式是通过调节控制电压的相位，即调节控制电压与励磁

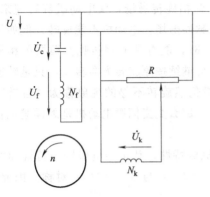

图 2-77　幅值-相位控制接线图

电压之间的相位角 β 来改变电动机的转速。控制电压的幅值保持不变。当 $\beta=0$ 时，电动机停转，即 $n=0$。这种控制方式一般很少采用。

③ 幅值-相位控制（或称电容控制）方式　这种控制方式是将励磁绕组串联电容 C 以后，接到稳压电源上，其接线图如图 2-77 所示。这时励磁绕组上的电压 $U_f=U_1-U_c$，而控制绕组上仍外加控制电压 U_k，U_k 的相位始终与 U_f 相同。当调节控制电压 U_k 幅值来改变电动机转速时，由于转子绕组的耦合作用，励磁绕组的电流亦发生变化，使励磁绕组的电压 U_f 及电容 C 上的电压 U_c 也随之变化。这就是说，电压 U_k 和 U_L 大小及它们之间的相位角也都随之改变。所以这是一种幅值和相位的复合控制方式。若控制电压 $U_k=0$ 时，电动机便停转。这种控制方式实质是利用串联电容来分相，它不需要复杂的移相装置，所以其设备简单、成本较低，成为最常用的一种控制方式。

2.5　人机界面及组态技术

2.5.1　初步认识人机界面

人机界面（Human Machine Interaction，HMI），是人与计算机之间传递、交换信息的媒介和对话接口，是计算机系统的重要组成部分，是指人和机器在信息交换和功能上的接触，或互相影响的领域，或称界面。

人机界面是在操作人员和机器设备之间作双向沟通的桥梁，用户可以自由地组合文字、按钮、图形、数字等来处理或监控管理，及时应付随时可能变化信息的多功能显示屏幕。随着机械设备的飞速发展，以往的操作界面需由熟练的操作员才能操作，而且操作困难，无法提高工作效率。但是使用人机界面能够明确指示并告知操作员机器设备目前的状况，使操作变得简单生动，并且可以减少操作上的失误，即使是新手也可以很轻松地操作整个机器设备。使用人机界面还可以使机器的配线标准化、简单化，同时也能减少 PLC 控制器所需的 I/O 点数，降低生产的成本。由于面板控制的小型化及高性能，相对地提高了整套设备的附加价值。

触摸屏作为一种新型的人机界面，从出现就受到关注。它的简单易用，强大的功能及优异的稳定性使它非常适合用于工业环境，甚至可以用于日常生活之中。例如，自动化停车设备、自动洗车机、天车升降控制、生产线监控等。

随着科技的飞速发展，越来越多的机器与现场操作都趋向于使用人机界面，PLC 控制器强大的功能及复杂的数据处理也呼唤各种功能与之匹配且操作又简便的人机界面的出现，触摸屏的应运而生无疑是 21 世纪自动化领域里的一个巨大的革新。

MT500 系列触摸屏是专门面向 PLC 应用的，它不同于简单的仪表式或其他的一些简单的控制 PLC 的设备，其功能非常强大，使用非常方便，非常适合现代工业越来越庞大的工作量及功能的需求，日益成为现代工业必不可少的设备之一。

2.5.2　了解触摸屏

触摸屏（touch panel）又称为触控面板，是个可接收触头等输入信号的感应式液晶显示装置。当接触了屏幕上的图形按钮时，屏幕上的触觉反馈系统可根据预先编程的程式驱动各种连连装置，可用以取代机械式的按钮面板，并借由液晶显示画面制造出生动的影音效果。

为了操作上的方便，人们用触摸屏来代替鼠标或键盘。工作时，必须首先用手指或其他物体触摸安装在显示器前端的触摸屏，然后系统根据手指触摸的图标或菜单位置来定位选择信息输入。触摸屏由触摸检测部件和触摸屏控制器组成；触摸检测部件安装在显示器屏幕前面，用于检测用户触摸位置，接受后送触摸屏控制器；而触摸屏控制器的主要作用是从触摸点检测装置上接收触摸信息，并将它转换成触点坐标，再送给 CPU，它同时能接收 CPU 发来的命令并加以执行。

2.5.2.1　主要类型

从技术原理来区别触摸屏，可分为五个基本种类：矢量压力传感技术触摸屏、电阻技术触摸屏、电容技术触摸屏、红外线技术触摸屏、表面声波技术触摸屏。其中矢量压力传感技术触摸屏已退出历史舞台；红外线技术触摸屏价格低廉，但其外框易碎，容易产生光干扰，曲面情况下失真；电容技术触摸屏设计构思合理，但其图像失真问题很难得到根本解决；电阻技术触摸屏的定位准确，但其价格颇高，且怕刮易损；表面声波触摸屏解决了以往触摸屏的各种缺陷，清晰、不容易被损坏，适于各种场合，缺点是屏幕表面如果有水滴和尘土会使触摸屏变得迟钝，甚至不工作。

按照触摸屏的工作原理和传输信息的介质，可以把触摸屏分为四种，它们分别为电阻式、电容感应式、红外线式以及表面声波式。每一类触摸屏都有其各自的优缺点，要了解哪种触摸屏适用于哪种场合，关键就在于要懂得每一类触摸屏技术的工作原理和特点。下面对上述的各种类型的触摸屏进行简要介绍。

2.5.2.2　电阻式触摸屏

电阻式触摸屏工作原理图如图 2-78 所示。电阻式触摸屏是一种传感器，它将矩形区域中触摸点（X，Y）的物理位置转换为代表 X 坐标和 Y 坐标的电压。很多 LCD 模块都采用了电阻式触摸屏，这种屏幕可以用四线、五线、七线或八线来产生屏幕偏置电压，同时读回触摸点的电压。电阻式触摸屏基本上是薄膜加上玻璃的结构，薄膜和玻璃相邻的一面上均涂有 ITO（纳米铟锡金属氧化物）涂层，ITO 具有很好的导电性和透明性。当触摸操作时，薄膜下层的 ITO 会接触到玻璃上层的 ITO，经由感应器传出相应的电信号，经过转换电路送到处理器，通过运算转化为屏幕上的 X、Y 值，从而完成点选的动作，并呈现在屏幕上。

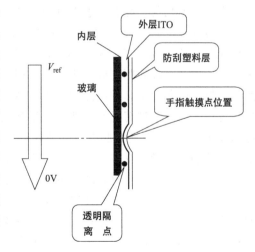

图 2-78　电阻式触摸屏工作原理图

根据引出线多少分为四线电阻屏、五线电阻屏等。其中四线电阻屏总共需 4 根电缆，特点：高解析度，高速传输反应，表面硬度处理，减少擦伤、刮伤及防化学处理；具有光面及雾面处理；一次校正，稳定性高，永不漂移。五线电阻屏引出线共有 5 根，特点：解析度高，高速传输反应；表面硬度高，减少擦伤、刮伤及防化学处理；同点接触 3000 万次尚可使用；导电玻璃为基材的介质；一次校正，稳定性高，永不漂移。五线电阻触摸屏有高价位和对环境要求高的缺点。

不管是四线电阻触摸屏还是五线电阻触摸屏，它们都是一种对外界完全隔离的工作环境，不怕灰尘和水气，它可以用任何物体来触摸，可以用来写字画画，比较适合工业控制领域及办公室内有限人的使用。电阻触摸屏共同的缺点是因为复合薄膜的外层采用塑胶材料，人太用力或使用锐器触摸可能划伤整个触摸屏而导致报废。不过，在限度之内，划伤只会伤及外导电层，外导电层的划伤对于五线电阻触摸屏来说没有关系，而对四线电阻触摸屏来说是致命的。

2.5.2.3　电容式触摸屏

是利用人体的电流感应进行工作的。如图 2-79 所示，电容式触摸屏是一块四层复合玻璃屏，玻璃屏的内表面和夹层各涂有一层 ITO，最外层是一薄层矽土玻璃保护层，夹层 ITO 涂层作为工作面，四个角上引出四个电极，内层 ITO 为屏蔽层以保证良好的工作环境。当手指触摸在金属层上时，由于人体电场，用户和触摸屏表面形成一个耦合电容，对于高频电流来说，电容是直接导体，于是手指从接触点吸走一个很小的电流。这个电流分别从触摸屏的四角上的电极中流出，并且流经这四个电极的电流与手指到四角的距离成正比，控制器通过对这四个电流比例的精确计算，得出触摸点的位置。

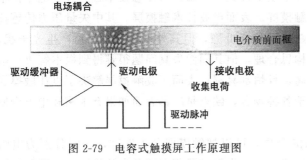

图 2-79　电容式触摸屏工作原理图

电容触摸屏的缺陷如下。电容触摸屏的透光率和清晰度优于四线电阻屏，当然还不能和表面声波屏和五线电阻屏相比。电容屏反光严重，而且电容技术的四层复合触摸屏对各波长光的透光率不均匀，存在色彩失真的问题，由于光线在各层间的反射，还造成图像字符的模糊。电容屏在原理上把人体当做一个电容器元件的一个电极使用，当有导体靠近与夹层ITO工作面之间耦合出足够量容值的电容时，流走的电流就足够引起电容屏的误动作。因为电容值虽然与极间距离成反比，却与相对面积成正比，并且还与介质的绝缘系数有关。因此，当较大面积的手掌或手持的导体物靠近电容屏而不是触摸时就能引起电容屏的误动作，在潮湿的天气，这种情况尤为严重，手扶住显示器、手掌靠近显示器 7cm 以内或身体靠近显示器 15cm 以内就能引起电容屏的误动作。电容屏的另一个缺点用戴手套的手或手持不导电的物体触摸时没有反应，这是因为增加了更为绝缘的介质。电容屏更主要的缺点是漂移：当环境温度、湿度改变时，环境电场发生改变时，都会引起电容屏的漂移，造成不准确。例如，开机后显示器温度上升会造成漂移；用户触摸屏幕的同时另一只手或身体一侧靠近显示器会漂移；电容触摸屏附近较大的物体搬移后回漂移；触摸时如果有人围过来观看也会引起漂移。电容屏的漂移原因属于技术上的先天不足，环境电势面（包括用户的身体）虽然与电容触摸屏离得较远，却比手指头面积大的多，直接影响了触摸位置的测定。此外，理论上许多应该线性的关系实际上却是非线性，如体重不同或者手指湿润程度不同的人吸走的总电流量是不同的，而总电流量的变化和四个分电流量的变化是非线性的关系，电容触摸屏采用的这种四个角的自定义极坐标系还没有坐标上的原点，漂移后控制器不能察觉和恢复，而且4 个 A/D 完成后，由 4 个分流量的值到触摸点在直角坐标系上的 X、Y 坐标值的计算过程复杂。由于没有原点，电容屏的漂移是累积的，在工作现场也经常需要校准。电容触摸屏最外面的矽土保护玻璃防刮擦性很好，但是怕指甲或硬物的敲击，敲出一个小洞就会伤及夹层 ITO。不管是伤及夹层 ITO 还是安装运输过程中伤及内表面 ITO 层，电容屏就不能正常工作。

2.5.2.4　红外线式触摸屏

红外触摸屏是利用 X、Y 方向上密布的红外线矩阵来检测并定位用户的触摸。红外触摸屏在显示器的前面安装一个电路板外框，电路板在屏幕四边排布红外发射管和红外接收管，对应形成横竖交叉的红外线矩阵。用户在触摸屏幕时，手指就会挡住经过该位置的横竖两条红外线，因而可以判断出触摸点在屏幕的位置。任何触摸物体都可改变触点上的红外线而实现触摸屏操作。

红外触摸屏不受电流、电压和静电干扰，适宜恶劣的环境条件，红外线技术是触摸屏产品最终的发展趋势。

2.5.2.5　表面声波触摸屏

表面声波属超声波的一种，是在介质（例如玻璃或金属等刚性材料）表面浅层传播的机械能量波。通过楔形三角基座（根据表面波的波长严格设计），可以做到定向、小角度的表面声波能量发射。表面声波性能稳定、易于分析，并且在横波传递过程中具有非常尖锐的频率特性，近年来在无损探伤、造影和退波器方向上应用发展很快，表面声波相关的理论研究、半导体材料、声导材料、检测技术等技术都已经相当成熟。表面声波触摸屏的触摸屏部分可以是一块平面、球面或是柱面的玻璃平板，安装在 CRT、LED、LCD 或是等离子显示器屏幕的前面。玻璃屏的左上角和右下角各固定了竖直和水平方向的超声波发射换能器，右上角则固定了两个相应的超声波接收换能器。玻璃屏的四个周边则刻有 45°角由疏到密间隔非常精密的反射条纹。

（1）表面声波触摸屏工作原理

以 X 轴发射换能器为例，发射换能器把控制器通过触摸屏电缆送来的电信号转化为声波能量向左方表面传递，然后由玻璃板下边的一组精密反射条纹把声波能量反射成向上的均匀面传递，声波能量经过屏体表面，再由上边的反射条纹聚成向右的线传播给 X 轴的接收换能器，接收换能器将返回的表面声波能量变为电信号。当发射换能器发射一个窄脉冲后，声波能量历经不同途径到达接收换能器，走最右边的最早到达，走最左边的最晚到达，早到达的和晚到达的这些声波能量叠加成一个较宽的波形信号。不难看出，接收信号集合了所有在 X 轴方向历经长短不同路径回归的声波能量，它们在 Y 轴走过的路程是相同的，但在 X 轴上，最远的比最近的多走了两倍 X 轴最大距离。因此这个波形信号的时间轴反映各原始波形叠加前的位置，也就是 X 轴坐标。发射信号与接收信号波形在没有触摸的时候，接收信号的波形与参照波形完全一样。当手指或其他能够吸收或阻挡声波能量的物体触摸屏幕时，X 轴途经手指部位向上走的声波能量被部分吸收，反应在接收波形上即某一时刻位置上波形有一个衰减缺口。接收波形对应手指挡住部位信号衰减了一个缺口，计算缺口位置即得触摸坐标控制器分析到接收信号的衰减并由缺口的位置判定 X 坐标。之后，Y 轴同样的过程判定出触摸点的 Y 坐标。除了一般触摸屏都能响应的 X、Y 坐标外，表面声波触摸屏还响应第三轴 Z 轴坐标，也就是能感知用户触摸压力大小值。其原理是由接收信号衰减处的衰减量计算得到。三轴一旦确定，控制器就把它们传给主机。

（2）表面声波触摸屏特点

清晰度较高，透光率好；高度耐久，抗刮伤性良好（相对于电阻、电容等有表面镀膜);反应灵敏;不受温度、湿度等环境因素影响,分辨率高,寿命长(维护良好情况下5000万次);透光率高(92%),能保持清晰透亮的图像质量;没有漂移,只需安装时一次校正;有第三轴(即压力轴)响应,目前在公共场所使用较多。表面声波屏需要经常维护,因为灰尘、油污甚至饮料的液体沾污在屏的表面,都会阻塞触摸屏表面的导波槽,使波不能正常发射,或使波形改变而控制器无法正常识别,从而影响触摸屏的正常使用,用户需严格注意环境卫生,必须经常擦抹屏的表面以保持屏面的光洁,并定期作全面彻底擦除。

2.5.2.6 触摸屏在自动化生产线的应用

如 YL-335B 自动化生产线中,通过触摸屏这扇窗口,可以观察、掌握、控制自动化生产线以及 PLC 的工作状况。

2.5.3 认识触摸屏的接口与组态

下面以 MT500 触摸屏为例。MT500 系列触摸屏是专门为工业环境设计,专门面向 PLC 控制器而设计的人机界面。具有如下特点:功能强大的 32 位 RISC 133MHz CPU,支持 256 色真彩显示与敏捷的反应速度;可与几乎所有的 PLC 兼容;工业级人机界面,防护等级 IP65;独特的多视窗操作功能,大大增加可显示信息量;创新的在线模拟功能,大大节省工程时间;功能强大的中文编辑软件,轻松完成复杂的人机界面设计;具有手写留言板功能,具有实现三级用户口令保护的功能;具有标准内置的 RTC 和配方功能,支持一机多屏和一屏多机的系统连接;双通信口和独立的打印接口(MT506 产品不支持打印接口);可为 OEM 用户的专用控制器开发专门的通信协议驱动。

2.5.3.1 触摸屏的接口

与 PLC 的连接:连接到 PLC 是通过 PLC〔RS-485〕或 PLC〔RS-232〕通信口。由于 RS-485(4 线)的信号可以代替 RS-422 的信号,使用 RS-422 接口类型的 PLC 都可以使用 PLC〔RS-485〕口来通信。FX 系列 PLC 都可以通过 CPU 单元上的编程通信口与 WEIN-VIEW MT500 触摸屏连接,也可以通过通信接口板 232BD 或者 485BD 来连接。使用 BD 模块通信时,PLC 类型应当选择 MITSUBISHI $FX_{0N}/FX_2/FX_{2N}$ COM,并需要注意通信格式寄存器 D8120 的设定,应将 BFM#0 的 b_9 与 b_8 设置为 0。

图 2-80 触摸屏与三菱 FX 系列 PLC 的连接　　　图 2-81 触摸屏与三菱 FX 系列 PLC 的连接

下面介绍触摸屏与三菱 FX 系列 PLC 的连接方式。

（1）CPU 单元

CPU 的连接如图 2-80 所示。

（2）通信模块 RS-232BD

通信模块 RS-232BD 的连接如图 2-81 所示。

（3）通信模块 RS-485BD

通信模块 RS-485BD 的连接如图 2-82 所示。

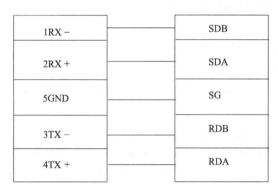

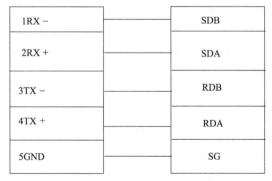

图 2-82 触摸屏与三菱 FX 系列 PLC 的连接

触摸屏与 PC 的连接方式：连接到 PC 可通过 PC［RS-232］通信口，EasyBuilder 软件可通过 PC［RS-232］通信口和 MT500 通信。其连接方式请参照使用说明书。

2.5.3.2 组态

组态英文是 "Configuration"，其意义就是用应用软件中提供的工具、方法，完成工程中某一具体任务的过程。与硬件生产相对照，组态与组装类似。如要组装一台电脑，事先提供了各种型号的主板、机箱、电源、CPU、显示器、硬盘、光驱等，用这些部件拼凑成需要的电脑。当然软件中的组态要比硬件的组装有更大的发挥空间，因为它一般要比硬件中的"部件"更多，而且每个"部件"都很灵活，因为软部件都有内部属性，通过改变属性可以改变其规格（如大小、性状、颜色等）。

为了通过触摸屏设备操作机器或系统，必须给触摸屏设备组态用户界面，该过程称为"组态阶段"，系统组态就是通过 PLC 以"变量"方式进行操作单元与机械设备或过程之间的通信。变量值写入 PLC 上的存储区域（地址），由操作单元从该区域读取。

2.5.3.2.1　基本的组态步骤

① 组态用户界面的功能。使用 ProTool 组态软件进行用户界面组态，一般包括下列各项：图形、文本、自定义功能、操作和指示器对象。

② 将组态计算机连接到触摸屏设备，可以采用下列连接方式：串口、MPI/PROFIBUS DP、USB 或以太网接口。

③ 组态界面传送至触摸屏设备。

④ 将触摸屏设备连接到 PLC。

触摸屏设备与 PLC 进行通信，根据组态的信息响应 PLC 中的程序进程（"过程运行阶段"）。

2.5.3.2.2　EasyBuilder 500 的组态

EasyBuilder500 是 WEINVIEW MT500 触摸屏的支持软件，使用简便。下面通过实例制作一个只包含一个开关控制元件的工程，用来说明 EasyBuilder500 工程的简单制作方法。

（1）任务提出

使用 EasyBuilder500 软件制作一个只包含一个开关控制元件的工程。硬件连接如图2-83所示。

MT500 上 PLC［RS-232］口一般连接到计算机。由于 PC［RS-232］和 PLC［RS-485］共用一个 COM 口，在调试工程中可以使用 MT5-PC 电缆连接线把共用的 COM 口分成 2 个独立的 COM 口使用，MT500 上的 PLC［RS-485］或 PLC［RS-232］口可连接到 PLC，同时保证指拨开关全拨到"OFF"位置。

（2）创建一个新的空白的工程。

① 安装好 Easybuilder500 软件后，在［开始］中选择［程序］→［EasyBuilder］→［Easy-Builder 500］，如图 2-84 所示。

② 这时如果是第一次进入系统或者上次进入系统时最后一次打开的是一个空白的工程，将弹出如下对话框，如图 2-85 所示。

选择使用的触摸屏类型，按下［确认］即可进入 Easybuilder500 编辑画面，否则将进入 EB500 组态软件的编辑界面，打开的是最近一次打开的工程。选择菜单栏［文件］→［新建］来新建一个工程，将首先弹出触摸屏类型选择对话框。在这里选择［MT510S/MT508S640×480］，如图 2-86 所示，按下［确认］即可。

③ 此时新工程就创建好了。选择菜单栏［文件］→［保存］可保存工程。如图 2-87 所示工程为 a.epj。按下［保存］即可。

④ 选择菜单栏［工具］→［编译］，这时将弹出编译工程对话框，如图 2-88 所示，按下［编译］按钮，编译完毕后关闭编译对话框。

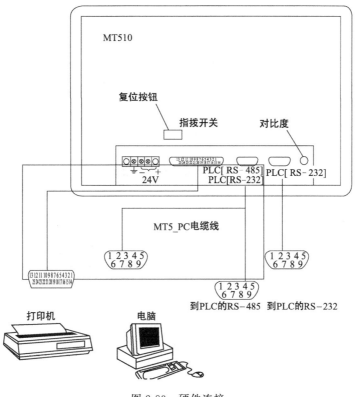

图 2-83　硬件连接

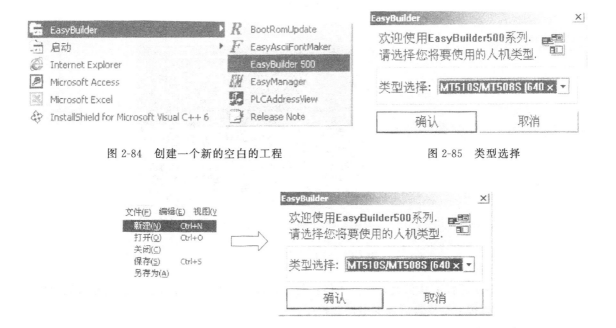

图 2-84　创建一个新的空白的工程　　　　　　　　图 2-85　类型选择

图 2-86　新建工程

⑤ 选择菜单栏 [工具]→[离线模拟]，这时就可以看到刚刚创建的新空白工程的模拟图了，如图 2-89 所示。

图 2-87 "保存"为对话框

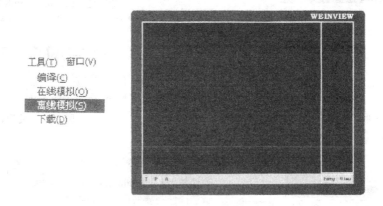

图 2-88 "编译"对话框

图 2-89 空白工程的模拟图

可以看到该工程没有任何元件,并不能执行任何操作。在当前屏幕上单击鼠标右键选择 [Exit] 或者直接按下空格键可以退出模拟程序。

(3) 创建一个开关元件。

① 首先选择菜单栏 [编辑]→[系统参数],弹出系统参数设置对话框,如图 2-90 所示。

在这个例子中,选择 PLC 的类型为 "MITSUBISHI $FX_{0n}/FX2$",[人机类型] 中选择所使用的相应的触摸屏类型。其他设置如图 2-90 所示。

图 2-90 "系统参数"对话框

② 选择菜单栏［元件］→［位状态切换开关］或者按下  图标，这时将弹出位状态切换开关属性对话框，如图 2-91 所示。

图 2-91 位状态切换开关属性

③ 切换到［图形］页，选中［使用位图］复选框，并按下［位图库］按钮，这时将弹出［位图库］对话框，如图 2-92。按下［添加位图库］，如图 2-93 所示。

选择合适的位图库，这里选择 bmp1. blb。按下［打开］按钮，如图 2-94 所示。弹出如图 2-95 所示对话框，选择第一个位图，按下［确认］按钮。这时将返回到图形选择页面，如图 2-96 所示，按［确定］按钮。在屏幕上按下鼠标左键把元件放置，如图 2-97 所示。

④ 选择菜单栏［文件］→［保存］，接着选择菜单［工具］→［编译］。

⑤ 选择菜单栏［工具］→［离线模拟］，可以看到设置的开关在点击它时将可以来回切换状态，和真正的开关一模一样，如图 2-98 所示。

⑥ 把 MT5 PC 电缆线的 PLC 端连接到 PLC（必须根据所使用的 PLC 的不同而使用不

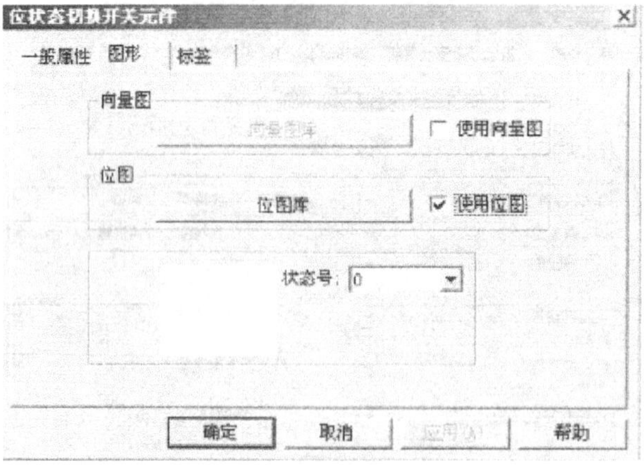

图 2-92　位图库按钮选择

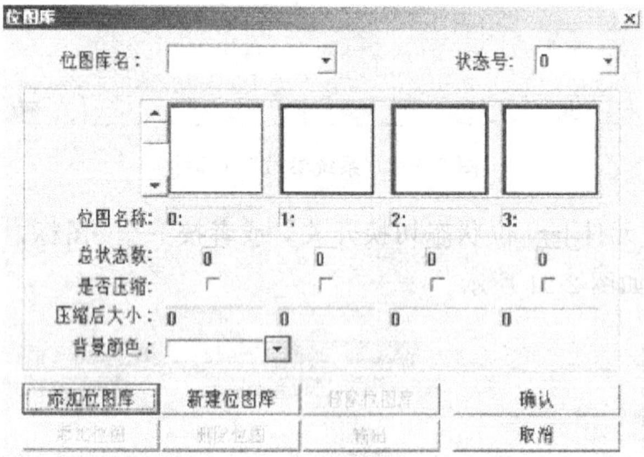

图 2-93　添加位图库

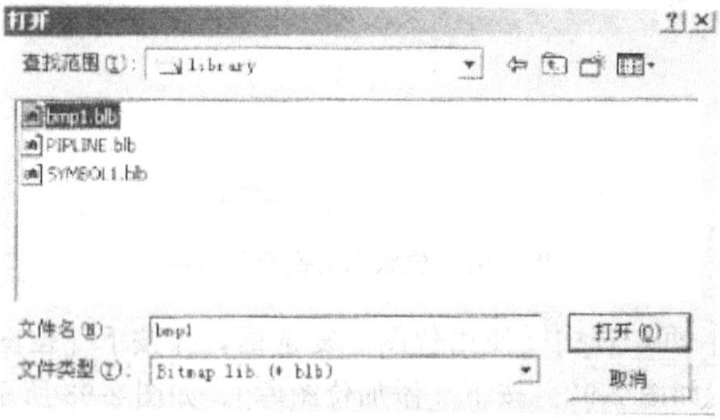

图 2-94　位图库选择

同的转接线），把 MT5 PC 电缆线的 HMI 端连接到触摸屏的 PLC［RS-485］通信口，PC 端连接到计算机的 COM 口（如果 PLC 是 RS-232 接线方式，那么把 PLC 连接到触摸屏的 RS-232 通信口），通上电源。

　　⑦ 选择菜单栏［工具］→［在线模拟］，这时在计算机屏幕上用鼠标触控该开关，将可以发现已经可以控制 PLC 对应的输出口 Y1 了。可以让该 PLC 的这个输出来回切换开关状态。

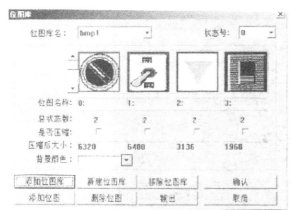

图 2-95　位图选择

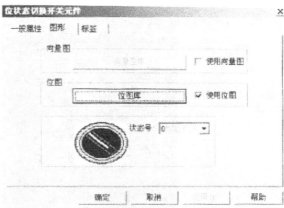

图 2-96　图形选择页面

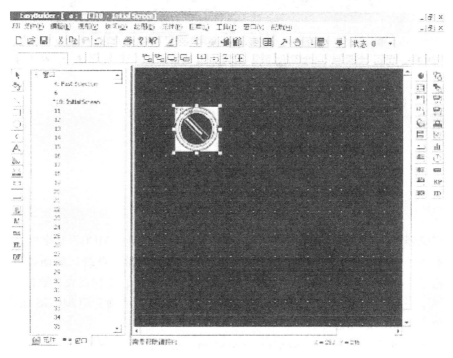

图 2-97　元件放置图

⑧ 选择菜单栏 [工具]→[下载]，如图 2-99 所示。

⑨ 下载完毕，把触摸屏重新复位，这时可以在触摸屏上通过手指来触控这个开关了。

到此为止，开关的制作就完成了。其他元件的制作方法与此类似。

2.5.4　初步认识组态软件

除了上述的 EasyBuilder500 软件外，WinCC5.0 和 MCGS 两大软件是目前广泛应用的工业控制组态软件。SIMATIC WinCC 是使用最新的 32 位技术的过程监视系统，具有良好的开放性和灵活性。无论是单用户系统，还是冗余多服务器/多用户系统，WinCC 均是最佳选择。通过 ActiveX、OPC、SQL 等标准接口，WinCC 可以非常方便地与其他软件进行通信。WinCC 还提供了许多功能强大的选件，如实现在工业应用中通过 Internet 监视生产过

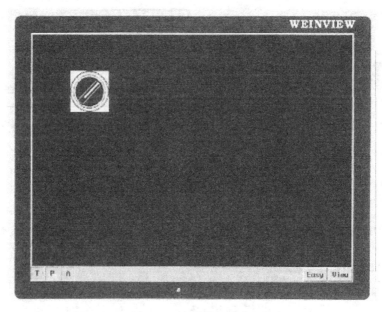

图 2-98　离线模拟状态

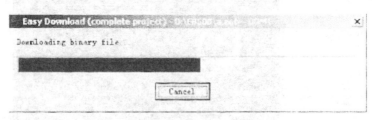

图 2-99　选择［下载］

程的网页浏览器可选软件包，连接 MES 和 ERP 可选软件包等。MCGS 是全中文工业自动化控制组态软件，MCGS 可稳定运行于 Windows 95/98/NT 操作系统，集动画显示、流程控制、数据采集、设备控制与输出、网络数据传输、双机热备、工程报表、数据与曲线等诸多强大功能于一身，并支持国内外众多数据采集与输出设备。下面介绍 MCGS 组态软件。

（1）什么是 MCGS 组态软件

MCGS（monitor and control generated system）是一套基于 Windows 平台的，用于快速构造和生成上位机监控系统的组态软件系统，可运行于 Microsoft Windows 95/98/Me/NT/2000 等操作系统。MCGS 为用户提供了解决实际工程问题的完整方案和开发平台，能够完成现场数据采集、实时和历史数据处理、报警和安全机制、流程控制、动画显示、趋势曲线和报表输出以及企业监控网络等功能。使用 MCGS，用户无需具备计算机编程的知识，就可以在短时间内轻而易举地完成一个运行稳定、功能全面、维护量小并且具备专业水准的计算机监控系统的开发工作。MCGS 具有操作简便、可视性好、可维护性强、高性能、高可靠性等突出特点，已成功应用于石油化工、钢铁行业、电力系统、水处理、环境监测、机械制造、交通运输、能源原材料、农业自动化、航空航天等领域。

（2）MCGS 组态软件的系统构成

如图 2-100 所示，MCGS 软件系统包括组态环境和运行环境两个部分。组态环境相当于一套完整的工具软件，帮助用户设计和构造自己的应用系统。运行环境则按照组态环境中构造的组态工程，以用户指定的方式运行，并进行各种处理，完成用户组态设计的目标和功能。

图 2-100　MCGS 组态软件的系统构成

组态软件（以下简称 MCGS）由"MCGS 组态环境"和"MCGS 运行环境"两个系统组成，如图 2-101 所示，两部分互相独立，又紧密相关。

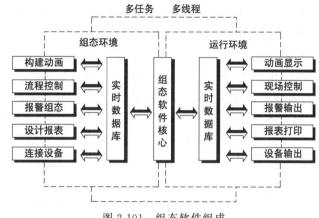

图 2-101　组态软件组成

MCGS 组态软件由五大组成部分组成，MCGS 组态软件所建立的工程由主控窗口、设备窗口、用户窗口、实时数据库和运行策略五部分构成，每一部分分别进行组态操作，完成不同的工作，具有不同的特性。

（3）MCGS 组态软件的功能和特点

与国内外同类产品相比，MCGS 组态软件具有以下特点。

① 全中文、可视化、面向窗口的组态开发界面，符合中国人的使用习惯和要求，真正的 32 位程序，可运行于 Microsoft Windows 95/98/Me/NT/2000 等多种操作系统。

② 庞大的标准图形库、完备的绘图工具、22 种不同形式的渐进色填充功能以及丰富的多媒体支持，使用户能够快速地开发出集图像、声音、动画等于一体的丰富多样、精美的工程画面。

③ 不仅增添了在运行环境下支持图形的旋转功能，使用户的工程更加生动、逼真，而且在组态环境下也可以对图形进行任意角度的旋转，使用户轻松完成难度较大的图形组态工作。

④ MCGS 位图构件主要用于显示静态图像，位图构件不仅可以显示标准的 Windows 位图文件（即 BMP 文件），还增加了允许装载其他各种格式图片的功能。

⑤ 全新的 ActiveX 动画构件，包括存盘数据处理、条件曲线、计划曲线、相对曲线、通用棒图等，使用户能够更方便、更灵活地处理、显示生产数据。

⑥ 通用性强，支持目前绝大多数硬件设备，每个用户根据工程实际情况，利用通用组态软件提供的底层设备（PLC、智能仪表、智能模块、板卡、变频器等）的 I/O Driver、开放式的数据库和画面制作工具，就能完成一个具有动画效果、实时数据处理，历史数据和曲

线并存，具有多媒体功能和网络功能的工程，不受行业限制。

⑦ 封装性好（易学易用）。MCGS工控组态软件所能完成的功能都用一种方便用户使用的方法包装起来，对于用户，不需掌握太多的编程语言（甚至不需要编程技术），简单易学的类Basic脚本语言与丰富的MCGS策略构件，使用户能够轻而易举地开发出复杂的流程控制系统。

⑧ 强大的数据处理功能，能够对工业现场产生的数据以各种方式进行统计处理，使用户能够在第一时间获得有关现场情况的第一手数据。

⑨ 方便的报警设置、丰富的报警类型、报警存储与应答、实时打印报警报表以及灵活的报警处理函数，能够方便、及时、准确地捕捉到任何报警信息。

⑩ 完善的安全机制，允许用户自由设定菜单、按钮及退出系统的操作权限。此外，MCGS还提供了工程密码，锁定软件狗、工程运行期限等功能，以保护组态开发者的成果。

⑪ 强大的网络功能，支持TCP/IP、Modem、RS-485/422/232，以及各种无线网络和无线电台等多种网络体系结构。

⑫ 良好的可扩充性，可通过OPC、DDE、ODBC、ActiveX等机制，方便地扩展MCGS组态软件的功能，并与其他组态软件、MIS系统或自行开发的软件进行连接。

⑬ 延续性强，用MCGS组态软件开发的应用程序，当现场（包括硬件设备或系统结构）或用户需求发生改变时，不需作很多修改而方便地完成软件的更新和升级。

⑭ 有体积小、功能强、程序设计、简单、维护方便，更能适应恶劣工业环境，可靠性高。

⑮ nTouch系列触摸屏作为一种新型的人机界面，是专门面向PLC应用的，功能强大，使用方便，而且应用非常广泛，日益成为现代工业必不可少的设备之一。

⑯ 能够方便地实现生产现场控制与企业管理的集成。在整个企业范围内，只使用IE浏览器就可以在任意一台计算机上方便地浏览与生产现场一致的动画画面、实时和历史的生产信息（包括历史趋势）、生产报表等，并提供完善的用户权限控制。

2.6 可编程控制器

可编程控制器是采用微机技术的通用工业自动化装置，其定义是："可编程控制器是一种数字运算操作的电子系统，专为在工业环境下应用而设计；它采用了可编程序的存储器，用来在其内部存储执行逻辑运算、顺序控制、定时、计数和算术操作等面向用户的指令，并通过数字式或模拟式的输入/输出，控制各种类型的机械或生产过程；可编程控制器及其有关外围设备，都按易于工业系统连成一个整体，易于扩充其功能的原则设计。"近几年来，PLC在国内已得到迅速推广普及，成为自动控制的三大技术支柱（PLC、机器人、CAD/CAM）之一，正改变着工厂自动控制的面貌，对传统的技术改造、发展新型工业具有重大的实际意义。

目前国内使用较多的机型有西门子、三菱、欧姆龙等系列产品。但无论哪家的PLC，其结构原理是基本相同的。

2.6.1 PLC结构与工作原理

2.6.1.1 PLC的结构

PLC硬件组成主体由三部分组成，主要包括中央处理器CPU、存储系统和输入/输出接口。PLC 的基本结构如图 2-102 所示。系统电源有些在 CPU 模块内，也有单独作为一个单元的，编程器一般看作 PLC 的外设。PLC 内部采用总线结构，进行数据和指令的传输。

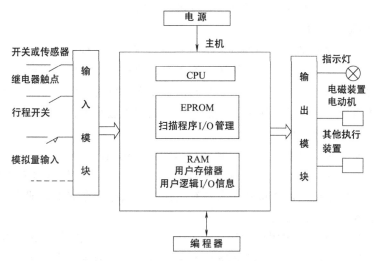

图 2-102　PLC 的组成框图

外部的开关信号、模拟信号以及各种传感器检测信号作为 PLC 的输入变量，它们经 PLC 的输入端子进入 PLC 的输入存储器，收集和暂存被控对象实际运行的状态信息和数据；经 PLC 内部运算与处理后，按被控对象实际动作要求产生输出结果；输出结果送到输出端子作为输出变量，驱动执行机构。PLC 的各部分协调一致地实现对现场设备的控制。

（1）中央处理器 CPU

CPU 的主要作用是解释并执行用户及系统程序，通过运行用户及系统程序完成所有控制、处理、通信以及所赋予的其他功能，控制整个系统协调一致地工作。常用的 CPU 主要有通用微处理器、单片机和双极型位片机。

（2）存储器模块

随机存取存储器 RAM 用于存储 PLC 内部的输入、输出信息，并存储内部继电器（软继电器）、移位寄存器、数据寄存器、定时器/计数器以及累加器等的工作状态，还可存储用户正在调试和修改的程序以及各种暂存的数据、中间变量等。

只读存储器 ROM 用于存储系统程序。可擦除可编程序的只读存储器 EPROM 主要用来存放 PLC 的操作系统和监控程序，如果用户程序已完全调试好，也可将程序固化在 EPROM 中。

（3）输入/输出模块

可编程序控制器是一种工业控制计算机系统，它的控制对象是工业生产过程，与 DCS 相似，它与工业生产过程的联系也是通过输入/输出接口模块（I/O）实现的。I/O 模块是可编程序控制器与生产过程相联系的桥梁。

PLC 连接的过程变量按信号类型划分可分为开关量（即数字量）、模拟量和脉冲量等，相应输入/输出模块可分为开关量输入模块、开关量输出模块、模拟量输入模块、模拟量输出模块和脉冲量输入模块等。

（4）编程器

编程器是 PLC 必不可少的重要外部设备。编程器将用户所希望的功能通过编程语言送到 PLC 的用户程序存储器中。编程器不仅能对程序进行写入、读出、修改，还能对 PLC 的工作状态进行监控，同时也是用户与 PLC 之间进行人机对话的界面。随着 PLC 的功能不断增强，编程语言多样化，编程已经可以在计算机上完成。

2.6.1.2　PLC 的工作原理

PLC 是采用"顺序扫描，不断循环"的方式进行工作的，即在 PLC 运行时，CPU 根据用户按控制要求编制好并存于用户存储器中的程序，按指令步序号（或地址号）作周期性循环扫描，如无跳转指令，则从第一条指令开始逐条顺序执行用户程序，直至程序结束，然后重新返回第一条指令，开始下一轮新的扫描。在每次扫描过程中，还要完成对输入信号的采样和对输出状态的刷新等工作。

PLC 一个扫描周期必经输入采样、程序执行和输出刷新三个阶段。

PLC 在输入采样阶段：首先以扫描方式按顺序将所有暂存在输入锁存器中的输入端子的通断状态或输入数据读入，并将其写入各对应的输入状态寄存器中，即刷新输入，随即关闭输入端口，进入程序执行阶段。

PLC 在程序执行阶段：按用户程序指令存放的先后顺序扫描执行每条指令，执行的结果再写入输出状态寄存器中，输出状态寄存器中所有的内容随着程序的执行而改变。

输出刷新阶段：当所有指令执行完毕，输出状态寄存器的通断状态在输出刷新阶段送至输出锁存器中，并通过一定的方式（继电器、晶体管或晶闸管）输出，驱动相应输出设备工作。

2.6.2　PLC 的编程

（1）编程元件

PLC 是采用软件编制程序来实现控制要求的。编程时要使用到各种编程元件，它们可提供无数个动合和动断触点。编程元件是指输入继电器、输出继电器、辅助继电器、定时器、计数器、通用寄存器、数据寄存器及特殊功能继电器等。

PLC 内部这些继电器的作用和继电接触控制系统中使用的继电器十分相似，也有"线圈"与"触点"，但它们不是"硬"继电器，而是 PLC 存储器的存储单元。当写入该单元的逻辑状态为"1"时，则表示相应继电器线圈得电，其动合触点闭合，动断触点断开。所以，内部的这些继电器称之为"软"继电器。

（2）编程语言

所谓程序编制，就是用户根据控制对象的要求，利用 PLC 厂家提供的程序编制语言，将一个控制要求描述出来的过程。PLC 最常用的编程语言是梯形图语言和指令语句表、顺序功能图等。

2.6.3　PLC 在自动化生产线中的应用

PLC 是自动化生产线装置中的最核心的器件，在自动化生产线中应用广泛。如 YL-335B 自动化生产线中，每一个工作站都安装有一个西门子 S7-200 系列的可编程控制器，控制着机械手、控制气爪按要求动作。

2.7　工业控制计算机

工业控制计算机是用于实现工业生产过程控制和管理的计算机，又称过程计算机。它是自动化技术工具中最重要的设备。在工业控制方面，计算机最早用在模拟控制系统中起监控作用。它对过程变量进行周期扫描，向操作人员显示全过程的信息，并通过计算为模拟量调节器设置给定值。1962 年英国首先采用计算机实现化工厂的直接数字控制。此后计算机控制在工业领域得到越来越广的应用。大规模集成电路的迅速发展，使以微型计算机为基础的分散控制系统得到迅速发展和推广。

2.7.1 工业控制计算机的功能

工业控制计算机分为大、中、小和微型四类，它们被用于工业控制对象的实时控制和工厂、企业的信息管理，能完成如下六项功能。

（1）巡回检测和数据处理

对数以百计的过程物理参数周期性地或随机地进行测量显示、打印记录，对于间接指标或参数可进行计算处理。

（2）顺序控制和数值控制

对复杂的生产过程可按一定顺序进行启、停、开、关等操作，或对工件加工的尺寸进行精密数值控制。

（3）操作指导

对生产过程进行测量，根据测量结果与预期目的作出比较判断，决定下一步应该怎样改变生产进程，将这种决定打印或显示出来供操作人员执行或参考。

（4）直接数字控制

对生产过程直接进行反馈或前馈控制，代替常规的自动调节器或控制装置，采用分时的形式，一台工业控制计算机可以同时控制众多的生产环节。

（5）监督控制

对生产过程不进行直接控制，只监督生产过程的进行，根据生产过程的状态、环境、原料等因素，按照过程的数字模型（或控制算法）计算出最优状况或当时应采取的控制措施，把这种措施交给在现场起直接控制作用的计算机或常规控制仪表执行（整定其给定值）。

（6）工厂管理或调度

对车间或全厂的自动生产线或生产过程进行调度管理。

2.7.2 工业控制计算机的构成

工业控制计算机系统主要由主机、过程接口和人机接口等部分组成，如图 2-103 所示。

（1）主机

通常采用 16 位字长的计算机。但是，随着处理信息量的增加和实现最优控制，也采用 32 位字长的计算机。它具有实时应答性能，例如平均指令执行时间为 $1\sim2\mu s$，一般的应答时间在 $1\mu s$ 以下。主存储器容量通常为 256KB～1MB。

（2）过程接口

又称过程输入/输出设备，是由许多与工业对象相互作用的装置组成。它一方面把工业对象的生产过程参数变换成计算机能够接受和识别的代码，以便计算机处理；另一方面，又把计算机发出的控制指令，变成操作执行器的控制信号。经过过程接口的信号有模拟量输入、数字量输入、模拟量输出和数字量输出等。模拟量输入信号一般来自温差电偶、

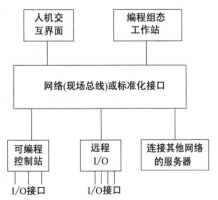

图 2-103 工业控制计算机的组成

热电阻和压力传感器等；而数字量输入则为开关接点或脉冲信号。模拟量输出用于控制电磁阀或伺服电动机的电压（电流）信号；数字量输出则多用于控制继电器触点。

（3）人机接口

用于手动控制和监视工厂状态的操作开关以及工作状态显示装置统称为人机接口或操作员接口。人机接口装置通常制成操作台形式，由键盘打字机、阴极射线管显示装置和指示灯显示装置等组成。

2.7.3　工业控制计算机的应用

在现代制造系统中，零件加工自动化程度日益提高，柔性制造、敏捷制造和精良生产等多种先进制造技术正在逐步地推广和应用，成品的精度要求也越来越高，一个零件需要几十道工序和许多加工参数。所以，加工大批量复杂零件时，传统的参数检测方法和装置已经不能适应现场检测的需要。通过价格低、功能强、可靠性好的工业控制计算机与 PLC 以及上位计算机，由通信网络连接，实现对生产过程的控制和管理。在加工过程中，提高加工精度，并对测量数据进行管理，及时反馈，继而进行数据分析和数据管理，最终提高生产效率，节省人力和物力。

图 2-104 所示为某自动化生产线的系统组成框图。生产线共设有 5 个检测工位，进行分散测量，测量设备均采用主动气动测量仪，该种测量仪具有结构简单、无接触测量和调整方便等优点。

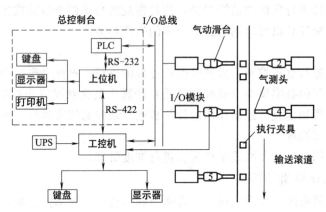

图 2-104　系统组成框图

测量电路原理如图 2-105 所示。测量时，气动测量喷嘴将被测孔的尺寸变化转换成空气流量的变化。然后，经气电转换器转换为电信号，到放大电路进行信号放大，得到 4～20mA 的电流信号，通过屏蔽电缆线输送到工控机箱，经过 I/U 转换器把电流信号转换为 −5～+5V 的电压信号，再通过 A/D 转换变为数字信号，输入到中央处理单元，计算机进

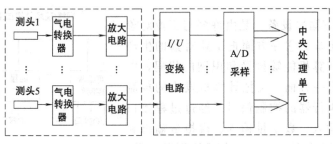

图 2-105　测量电路框图

行数据采样、比较、计算、统计、管理、存储。工控机采用 386（IPC-610），它能适应工业现场环境，并可实现机器的连续运转，为了提高系统的抗干扰能力和测量准确性，A/D 转换采用带 DC/DC 光隔 12 位 32 路 A/D 板 IPC5488，开关量输入采用光电隔离开关量输入板 IPC5372-1，输出采用光电隔离开关量功放输出板 IPC5373。

各检测工位的工作过程是由 PLC 来控制完成的，系统采用分散式控制结构。PLC 的中央处理单元有一个串行接口与上位机进行通信，上位机通过此串行接口监视 PLC 的运行状态，显示自动生产线各工位的工作情况，也可以控制 PLC 的运行状态。PLC 实现随行夹具的定位、输送以及气测头的测量动作。PLC 发送给工控机各种控制信号，控制工控机的测量工作，工控机把诸如正在测量、测量结束等信号反馈给 PLC，保证测头能够配合自动线协调运动，在恰当的时候发出采样允许信号以完成在线检测 PLC 通过 I/O 总线与工控机进行信号传递。PLC 与上位机通过标准的 RS-232 通信，把生产线上各工位的工作状态传送给上位机。现场监控测量工位的具体工作过程是：工作到位—夹具夹紧—测头向前—测量（采样）—测头退回—夹具松开—输送夹具—下一个工作循环。

在此系统中，工业控制计算机的使用可以提供清晰易懂的人机交互界面，以多种画面形象、实时地显示生产过程中的测量参数。

2.8 现场总线技术

现场总线（Fieldbus）是近年来迅速发展起来的一种工业数据总线，它主要解决工业现场的智能化仪器仪表、控制器、执行机构等现场设备间的数字通信以及这些现场控制设备和高级控制系统之间的信息传递问题。

现场总线技术作为工厂数字通信网络的基础，沟通了生产过程现场及控制设备之间及其与更高控制管理层次之间的联系。它不仅是一个基层网络，而且还是一种开放式、新型全分布控制系统。这项以智能传感、控制、计算机、数字通信等技术为主要内容的综合技术，已经受到世界范围的关注，成为自动化技术发展的热点，并将导致自动化系统结构与设备的深刻变革。国际上许多有实力、有影响的公司都先后在不同程度上进行了现场总线技术与产品的开发。现场总线设备的工作环境处于过程设备的底层，作为工厂设备级基础通信网络，要求具有协议简单、容错能力强、安全性好、成本低的特点；具有一定的时间确定性和较高的实时性要求，还具有网络负载稳定，多数为短帧传送，信息交换频繁等特点。

2.8.1 现场总线技术的优点

（1）节省硬件数量与投资

由于现场总线系统中分散在设备前端的智能设备能直接执行多种传感、控制、报警和计算功能，因而可减少变送器的数量，不再需要单独的控制器、计算单元等，也不再需要 DCS 系统的信号调理、转换、隔离技术等功能单元，还可以用工控 PC 机作为操作站，从而节省了一大笔硬件投资。由于控制设备的减少，还可减少控制室的占地面积。

（2）节省安装费用

现场总线系统的接线十分简单，由于一对双绞线或一条电缆上通常可挂接多个设备，因而电缆、端子、槽盒、桥架的用量大大减少，连线设计与接头校对的工作量也大大减少。当需要增加现场控制设备时，无需增设新的电缆，可就近连接在原有的电缆上，既节省了投资，也减少了设计、安装的工作量。据有关典型试验工程的测算资料，可节约安装费用

60％以上。

（3）节省维护开销

由于现场控制设备具有自诊断与简单故障处理的能力，并通过数字通信将相关的诊断维护信息送往控制室，用户可以查询所有设备的运行，诊断维护信息，以便早期分析故障原因并快速排除。缩短了维护停工时间，同时由于系统结构简化，连线简单而减少了维护工作量。现场总线技术与传统总线技术成本对比。

（4）用户具有高度的系统集成主动权

用户可以自由选择不同厂商所提供的设备来集成系统，避免因选择了某一品牌的产品被"框死"了设备的选择范围，不会为系统集成中不兼容的协议、接口而一筹莫展，使系统集成过程中的主动权完全掌握在用户手中。

（5）提高了系统的准确性与可靠性

由于现场总线设备的智能化、数字化，与模拟信号相比，它从根本上提高了测量与控制的准确度，减少了传送误差。同时，由于系统的结构简化，设备与连线减少，现场仪表内部功能加强；减少了信号的往返传输，提高了系统的工作可靠性。此外，由于它的设备标准化和功能模块化，因而还具有设计简单，易于重构等优点。

2.8.2 典型现场总线简介

目前国际上有40多种现场总线，但没有任何一种现场总线能覆盖所有的应用面，按其传输数据的大小可分为三类：传感器总线（sensor bus），属于位传输；设备总线（device bus），属于字节传输；现场总线，属于数据流传输。

（1）基金会现场总线

基金会现场总线，即 Fieldbus Foundation，简称 FF，这是在过程自动化领域得到广泛支持和具有良好发展前景的技术。

（2）LonWorks

LonWorks 是具有强劲实力的现场总线技术，它是由美国 Ecelon 公司推出并与摩托罗拉（Motorola）、东芝（Hitach）公司共同倡导，于1990年正式公布而形成的。LonWorks 已经建立了一套从协议开发、芯片设计、芯片制造、控制模块开发制造、OEM 控制产品、最终控制产品、分销、系统集成等一系列完整的开发、制造、推广、应用体系结构，吸引了数万家企业参与到这项工作中来，这对于一种技术的推广、应用有很大的促进作用。

（3）Profibus

Profibus 是作为德国国家标准 DIN 19245 和欧洲标准 prEN 50170 的现场总线。支持主从系统、纯主站系统、多主多从混合系统等几种传输方式。主站具有对总线的控制权，可主动发送信息。

（4）CAN

CAN 是控制网络 Control Area Network 的简称，最早由德国 BOSCH 公司推出，用于汽车内部测量与执行部件之间的数据通信。其总线规范现已被 ISO 国际标准组织制订为国际标准，得到了 Motorola、Intel、Philips、Siemens、NEC 等公司的支持，已广泛应用在离散控制领域。

（5）HART

HART 是 Highway Addressable Remote Transduer 的缩写。最早由 Rosemout 公司开发并得到80多家著名仪表公司的支持，于1993年成立了 HART 通信基金会。这种被称为可寻址远程传感高速通道的开放通信协议，其特点是现有模拟信号传输线上实现数字通信，属于模拟系统向数字系统转变过程中工业过程控制的过渡性产品。

2.8.3　CAN 总线技术应用

CAN 是 ISO 国际标准化的串行通信协议，在北美和欧洲已是汽车网络的标准协议。CAN 是一种多主总线，通信介质可以是双绞线、同轴电缆或光导纤维。通信速率可达 1Mbps。现今，CAN 的高性能和可靠性已被认同，并被广泛地应用于工业自动化、船舶、医疗设备、工业设备等方面。现场总线是当今自动化领域技术发展的热点之一，被誉为自动化领域的计算机局域网。它的出现为分布式控制系统实现各节点之间实时、可靠的数据通信提供了强有力的技术支持。

CAN 属于现场总线的范畴，它是一种有效支持分布式控制或实时控制的串行通信网络。较之目前许多 RS-485 基于 R 线构建的分布式控制系统而言，基于 CAN 总线的分布式控制系统在以下方面具有明显的优越性：网络各节点之间的数据通信实时性强；缩短了开发周期；已形成国际标准的现场总线；最有前途的现场总线之一。

CAN 总线以报文为单位进行数据传送。CAN 协议支持两种报文格式，其唯一的不同是标识符（ID）长度不同，标准格式为 11 位，扩展格式为 29 位。

例如，某自动生产线是一个集机、电、控制于一体的综合性的自动化测控系统。该自动生产线由 6 个生产加工单元（工作站）组成，每个站由一个单独的单片机 AT89C51 控制器控制，如图 2-106 所示。

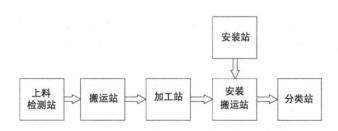

图 2-106　自动生产线工作站组成

工件在生产线上从一站到另一站的传递过程如下。上料检测站将大工件按顺序排好后提升传递，同时检测工件颜色，通知后站，搬运站将工件从上料检测站搬至加工站，加工站将对工件进行加工并检测被加工的工件，产生成品或废品信息，通知下站，安装搬运站将成品送至安装工位，安装站再对工件进行安装，最后，由安装搬运站将安装好的工件送至分类站，分类站将工件按颜色类型送入相应的料仓并统计工件的数量和总量。如加工站有废品产生，则安装搬运站将废品直接送入废品收料站。

各工作站之间的信息（如准备好、忙、完成等）通过 CAN 总线进行相互传递，每个工作站成为 CAN 总线上的一个节点。CAN 网络结构如图 2-107 所示。

图 2-107　CAN 网络结构

与总线连接的每一个节点均使用 AT89C51 单片机为主控制器构成节点控制系统，控制系统电路中包含了 CAN 控制器和 CAN 驱动收发器。CAN 总线控制器选用 Philips 半导体公司的产品 SJA1000，CAN 收发器选用 PCA82C250，它们与单片机的接口电路如图 2-108 所示。

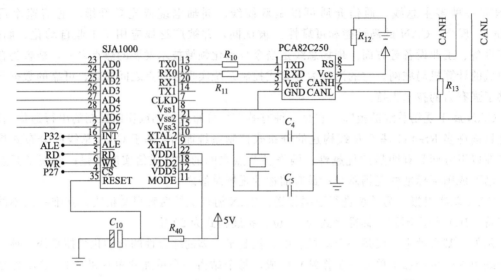

图 2-108　CAN 控制器与驱动收发器接口电路

根据 CAN 总线技术规范 CAN 2.0A 设计了用户通信协议，CAN 总线自动生产线控制系统的各个节点都按此协议传送信息。用户通信协议标准帧结构的标识符和数据域的定义（共 10 个字节）见表 2-1。报文由描述符区和数据区组成。按通信协议的规定，描述符区由 1~2 字节构成，数据区由 1~8 字节构成，实际所需字节数可根据用户需要而定。

表 2-1　用户定义的帧格式

		ID. 10	ID. 9	ID. 8	ID. 7	ID. 6	ID. 5	ID. 4	ID. 3
描述符	标识符字节 1	发 送 节 点				接 收 节 点			
	标识符字节 2	ID. 2	ID. 1	ID. 0	RTR	DLC. 3	DLC. 2	DLC. 1	DLC. 0
		0			远程发送请求	数据长度码			
数据	字节 1	信息类别							
	字节 2	数据							
	字节 3	数据							
	字节 4	数据							
	字节 5	数据							
	字节 6	数据							
	字节 7	数据							
	字节 8	数据							

报文的标识符就像报文的名字，它在接收器的接收过滤中被用到。网络上所有的节点可以通过接收过滤确定是否采用该报文。接收过滤功能是可选项，如选择接收过滤功能，则应

将接收屏蔽寄存器中各个位设置成"相关",如不选择接收过滤功能,接收屏蔽寄存器中各个位应设置成"不相关"。当选择了接收过滤功能时,一旦节点接收到数据,则只有当接收码与标识符的 ID. 6~ID. 3 相同时,接收的数据才会被节点采用。

CAN 用通信数据块编码,可实现多主工作方式,每一个节点都是一个主工作站。数据收发方式灵活,可实现点对点、一点对多点及全局广播等多种传输方式。使用全局广播方式,则发送出去的数据每个节点都能接收,各个节点根据报文的内容判断是否接收数据。

2.9 变频器

2.9.1 通用变频器的基本工作原理

(1) 交流异步电动机变频调速原理

据电动机原理可知,交流异步电动机的平滑转速公式为

$$n=(1-s)\frac{60f}{p} \tag{2-1}$$

式中,f 为定子供电频率(Hz);p 为磁极对数;s 为转差率;n 为电动机转速。

由式(2-1)可知,只要调节异步电动机的供电频率 f,就可以平滑地调节异步电动机的转速。

(2) 变频调速系统的控制方式

异步电动机定子绕组每相感应电动势 E 的有效值为

$$E_1=4.44k_{r1}f_1N_1\varPhi_{\mathrm{m}} \tag{2-2}$$

式中,E_1 为气隙磁通在定子绕组每相中感应电动势的有效值(V);f_1 为定子的频率(Hz);N_1 为定子绕组每相串联匝数;k_{r1} 为与绕组有关的结构常数;$\varPhi_{\mathrm{m}}$ 为每极气隙磁通量(Wb)。

由式(2-2)可知,如果定子绕组每相电动势的有效值 E_1 不变,改变定子频率时会出现下面两种情况:第一,如果 f_1 大于电动机的额定频率 f_{1N},气隙磁通 $\varPhi_{\mathrm{m}}$ 就会小于额定气隙磁通 $\varPhi_{\mathrm{MN}}$,结果是电动机的铁芯没有得到充分利用,是一种浪费;第二,如果 f_1 小于电动机的额定频率 f_{1N},气隙磁通 $\varPhi_{\mathrm{m}}$ 就会大于额定气隙磁通 $\varPhi_{\mathrm{MN}}$,结果是电动机的铁芯产生过饱和,从而导致过大的励磁电流,使电动机功率因数、效率下降,严重时会因绕组过热烧坏电动机。

要实现变频调速,在不损坏电动机的情况下,充分利用电动机的铁芯,应保持每极气隙磁通 $\varPhi_{\mathrm{m}}$ 不变。

① 基频以下调速 由 $E_1=4.44k_{r1}f_1N_1\varPhi_{\mathrm{m}}$ 可知,要保持 $\varPhi_{\mathrm{m}}$ 不变,当频率 f_1 从额定值 f_{1N} 向下调时,必须降低 E_1,使 E_1/f_1=常数,即电动势与频率之比为恒定值。绕组中的感应电动势不容易直接控制,当电动势的值较高时,可以认为 $U_1\approx E_1$,即 E_1/f_1=常数,这就是恒压频比控制方式。基频以下调速时的机械特性曲线如图 2-109 所示。如果电动机在不同转速下都具有额定电流,则电动机都能在温度升高允许的条件下长期运行,这时转矩基本上随磁通变化,由于在基频以下调速时磁通恒定,所以转矩恒定。根据电动机拖动原理,在基频以下调速属

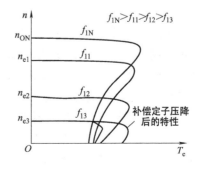

图 2-109 基频以下调速时的机械特性

于"恒转矩调速"。

② 基频以上调速 在基频以上调速时，频率可以从 f_{1N} 向上增加，但电压 U_1 不能超过额定电压 U_{1N}，最大为 $U_1 = U_{1N}$，由 $E_1 = 4.44k_{r1}f_1N_1\Phi_m$ 可知，这将使磁通随频率的升高而降低，相当于直流电动机弱磁升速的情况。在基频以上调速时，由于电压 $U_1 = U_{1N}$ 不变，当频率升高时，同步转速随之升高，气隙磁动势减弱，最大转矩减小，输出功率基本不变，所以基频以上变频调速属于"弱磁恒功率"调速。基频以上调速时的机械特性如图 2-110 所示。

通过分析可得如下结论：当 $f_1 \leqslant f_{1N}$ 时，变频装置必须在改变输出频率的同时改变输出电压的幅值，才能满足对异步电动机变频调速的基本要求。这样的装置通称变压变频（VVVF）装置，这是通用变频器工作的最基本原理。

③ SPWM 控制技术 人们希望通用变频器输出的波形是标准的正弦波，但现在的技术还不能制造大功率、输出波形为标准正弦波的变压变频逆变器。目前容易实现的方法是：使逆变器输出端得到一系列幅值相等而宽度不等的方波脉冲，用这些脉冲来代替正弦波或所需要的波形，即可改变逆变电路输出电压的大小，如图 2-111 所示。

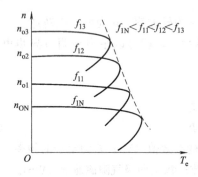

图 2-110 基频以上调速时的机械特性

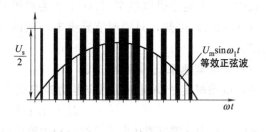

图 2-111 SPWM 波形

PWM 控制技术是变频技术的核心技术之一，也是目前应用较多的一种技术。逆变器输入幅度恒定不变的直流电压，通过调节逆变器的脉冲宽度和输出交流电的频率，实现调压调频，供给负载。

2.9.2 通用变频器的基本结构

(1) 通用变频器的外形结构

变频器是把电压、频率固定的交流电变成电压、频率可调的交流电的变换器，变频器的基本结构原理如图 2-112 所示。

主电路接线端如图 2-113 所示，包括输入端和输出端。

① 输入端 工频电网的输入端为 R 、S 、T ，有的标志为 L1、L2、L3。

② 输出端 输出端为 U 、V 、W ，变频器接电动机的端点。

控制端子包括外部信号控制变频器的端子、变频器工作状态指示端子以及变频器与微机或其他变频器的通信接口，如图 2-114 所示。

操作面板包括液晶显示屏和键盘，如图 2-115 所示。

交-交变频器 交-交变频器把频率固定的交流电源直接变换成频率连续可调的交流电源。其主要优点是没有中间环节，变频效率高，但其连续可调的频率范围窄，一般为额定频率的 1/2 以下，主要用于容量大、低速的场合。

交-直-交变频器 交-直-交变频器先把频率固定的交流电变成直流电，再把直流电逆变

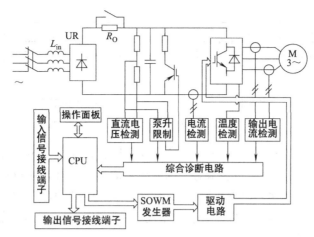

图 2-112　变频器的基本结构

成频率可调的三相交流电。在此类装置中，用不可控整流，则输入功率因数不变；用 PWM 逆变，则输出谐波减小。PWM 逆变器需要全控式半导体器件，其输出谐波减小的程度取决于 PWM 的开关频率，而开关频率则受器件开关时间的限制。采用 P-MOSFET 或 IGBT 时，开关频率可达 20kHz 以上，输出波形已经非常接近正弦波，因而又称之为止弦脉宽调制（SPWM）逆变器，是目前通用变频器经常采用的一种形式。

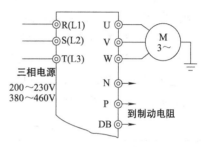

图 2-113　主电路接线图

（2）按照滤波方式分类

① 电压源型变频器　在交-直-交变频器装置中，当中间直流环节采用大电容滤波时，直

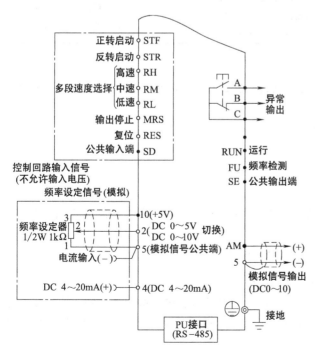

图 2-114　控制电路接线端子

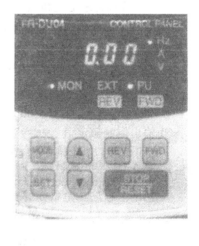

图 2-115　操作面板

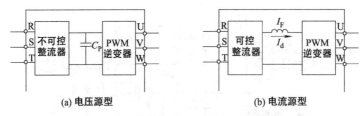

(a) 电压源型　　　　　　　(b) 电流源型

图 2-116　电压源型和电流源型交-直-交变频器

流电压波形比较平直，输出交流电压是矩形波或阶梯波，这类变频装置称为电压源型变频器，如图 2-116(a) 所示。由于滤波电容上的电压不能发生突变，所以电压源型变频器的电压控制响应慢，适用于为多台电动机同步运行时的供电电源但不要求快速加减速的场合。因为其中间直流环节有大电容钳制电压，使之不能迅速反向，而电流也不能反向，所以在原装置上无法实现回馈制动。

② 电流源型变频器　当交-直-交变压变频装置中的中间直流环节采用大电感滤波时，输出交流电流是矩形或阶梯波，这类变频装置叫电流源型变频器，如图 2-116 (b) 所示。由于滤波电感上的电流不能发生突变，所以电流源型变频器对负载变化的反应迟缓，不适用于多电动机传动，适用于一台变频器给一台电动机供电的单机传动，但可以满足快速启动、制动和可逆运行的要求。如果把不可控整流器改成可控整流器，电流源型变压变频调速系统容易实现回馈制动。电压源型和电流源型变频器项目比较见表 2-2。

表 2-2　电压源型和电流源型变频器项目比较

比 较 项 目	电 压 源 型	电流源型变频器
整流电路	不可控整流桥	可控整流桥
滤波环节	大电容	大电感
应用范围	适用于不要求快速加减速的多台电动机同步运行或单电动机运行的场合	适用要求具有快速启动、制动和可逆运行的单电动机场合

（3）变频器的额定值和频率指标

① 输入侧的额定值　输入侧的额定值主要是电压和相数。小容量的变频器输入指标有以下几种。

・380V/50Hz，三相，用于国内设备。

・220V/50Hz 或 60Hz，三相，主要用于进口设备。

・200～230V/50Hz，单相，主要用于家用电器。

② 输出侧的额定值

・输出电压 U_N：由于变频器在变频的同时也要变压，所以输出电压的额定值是指输出电压中最大值。

・输出电流 I_N：是指允许长时间输出的最大电流。

・输出容量 S_N （kV・A）：S_N 与 U_N 和 I_N 的关系为 $S_N = \sqrt{3}U_N I_N$。

・配用电动机容量 P_N （kW）：变频器规定的配用电动机容量，适用于长期连续负载运行。

・超载能力：变频器的超载能力是指输出电流超过额定值的允许范围和时间。大多数变频器规定为 150% I_N、60s 或 180% I_N、0.5s。

③ 频率指标

· 频率范围：即变频器能够输出的最高频率 f_{max} 和最低频率 f_{min}。各种变频器规定的频率范围不一样，一般最低工作频率为 $0.1 \sim 1Hz$，最高工作频率为 $120 \sim 650Hz$。

· 频率精度：指变频器输出频率的准确程度。由变频器的实际输出与设定频率之间的最大误差与最高工作频率之比的百分数来表示。

· 频率分辨率：指输出频率的最小改变量，即每相邻两挡频率之间的最小差值。一般分模拟设定分辨率和数字设定分辨率。

2.10 PLC 通信技术

随着计算机网络技术的发展，现代企业的自动化程度越来越高。在大型控制系统中，由于控制任务复杂，点数过多，各任务间的数字量、模拟量相互交叉，因而出现了仅靠增强单机的控制功能及点数已难以胜任的现象。所以各 PLC 生产厂家为了适应复杂生产的需要，也为了便于对 PLC 进行监控，均开发了各自的 PLC 通信技术及 PLC 通信网络。

PLC 的通信就是指 PLC 与计算机之间、PLC 与 PLC 之间、PLC 与其他智能设备之间的数据通信。

2.10.1 S7-200 系列 PLC 的通信协议及通信指令

（1）自由端口通信模式

S7-200 系列 PLC 的串行通信口可以由用户程序来控制，这种由用户程序控制的通信方式称为自由端口通信模式。利用自由端口通信模式，可以实现用户定义的通信协议，可以同多种智能设备进行通信。当选择自由端口通信模式时，用户程序可通过发送/接收中断、发送/接收指令来控制串行通信口的操作。通信所使用的波特率、奇偶校验以及数据位数等由特殊存储器位 SMB30（对应端口 0）和 SMB130（对应端口 1）来设定。特殊存储器 SMB30 和 SMB130 的具体内容如表 2-3 所示。

表 2-3 通信用特殊存储器 SMB30 和 SMB130 的具体内容

端口 0	端口 1	内 容							
SMB30 格式	SMB130 格式	7							0
		p	p	d	b	b	b	m	m
		自由端口通信模式控制字							
SM30.7 SM30.6	SM130.7 SM130.6	pp:奇偶校验选择。 00:无奇偶校验;01:偶校验; 10:无奇偶校验;11:奇校验							
SM30.5	SM130.5	d:每个字符的数据位。 d—0:每个字符 8 位有效数据; d—1:每个字符 7 位有效数据							
SM30.4 SM30.3 SM30.2	SM130.4 SM130.3 SM130.2	bbb:波特率。 000:38400bps;001:19200bps;010:9600bps; 011:4800bps;100:2400bps;101:1200bps; 110:600bps;111:300bps							
SM30.0 SM30.1	SM130.0 SM130.1	mm:协议选择。 00:点对点接口协议（PPI 从机模式）; 01:自由端口协议; 10:PPI/主机模式; 11:保留（默认为 PPI/从机模式）							

为了方便地设置自由端口通信模式，可参照表 2-4 直接选取 SMB30（或 SMB130）的值。

表 2-4 SMB30 通信功能控制字节值与自由端口通信模式特性选项参照表

波特率/bps		38.4K CPU224	19.2K	9.6K	4.8K	2.4K	1.2K	600	300	说明
8 位字符	无校验	01H 81H	05H 85H	09H 89H	0DH 8DH	11H 91H	15H 95H	19H 99H	1DH 9DH	两组数任取
	偶校验	41H	45H	49H	4DH	51H	55H	59H	5DH	
	奇校验	C1H	C5H	C9H	CDH	D1H	D5H	D9H	DDH	

波特率/bps		38.4K CPU224	19.2K	9.6K	4.8K	2.4K	1.2K	600	300	说明
7 位字符	无校验	21H A1H	25H A5H	29H A9H	2DH ADH	31H B1H	35H B5H	39H B9H	3DH BDH	两组数任取
	偶校验	61H	65H	69H	6DH	71H	75H	79H	7DH	
	奇校验	E1H	E5H	E9H	EDH	F1H	F5H	F9H	FDH	

在对 SMB30 赋值之后，通信模式就被确定。要发送数据则使用 XMT 指令；要接收数据则可在相应的中断程序中直接从特殊存储区中的 SMB2（自由端口通信模式的接收寄存器）读取。若采用有奇偶校验的自由端口通信模式，还需在接收数据之前检查特殊存储区中的 SMB3.0（自由端口通信模式奇偶校验错误标志位，置位时表示出错）的状态。

注意：只有 PLC 处于 RUN 模式时，才能进行自由端口通信。处于自由端口通信模式时，不能与可编程设备通信，例如编程器、计算机等。若要修改 PLC 程序。则需将 PLC 处于 STOP 方式。此时，所有的自由端口通信被禁止，通信协议自动切换到 PPI 通信模式。

（2）自由端口通信发送/接收指令

发送/接收数据指令格式与功能见表 2-5。

表 2-5 发送/接收数据指令格式与功能

梯形图 LAD	语句表		功能
	操作码	操作数	
发送数据指令 XMT EN TBL PORT	XMT	TBL、PORT	当使能输入 EN 有效时,把 TBL 指定的数据缓冲区的内容通过 PORT 指定的串行口发送出去
接收数据指令 RCV EN TBL PORT	RCV	TBL、PORT	当使能输入 EN 有效时,通过 PORT 指定的串行通信口把接收到的信息存入 TBL 指定的数据缓冲区

① TBL 指定接收/发送数据缓冲区的首地址。可寻址的寄存器地址为 VB、IB、QB、MB、SMB、SB、*VCD、*AC。

② TBL 数据缓冲区中的第一个字节用于设定应发送/应接收的字节数，缓冲区的大小在 255 个字符以内。

③ PORT 指定通信端口，可取 0 或 1。

④ 发送 XMT 指令。

· 在缓冲区内的最后一个字符发送后会产生中断事件 9（通信端口 0）或中断事件 26（通信端口 1），利用这一事件可进行相应的操作。

· SM4.5（通信端口 0）或 SM4.6（通信端口 1）用于临时通信端口的发送空闲状态，当发送空闲时，SM4.5 或 SM4.6 将置 1。利用该位，可在通信端口处于空闲状态时发送数据。

⑤ 接收 RCV 指令。

· 可利用字符中断控制接收数据。每接收完 1 个字符，通信端口 0 就产生一个中断事件 8（或通信端口 1 产生一个中断事件 25）。接收到的字符会自动存放在特殊存储器 SMB2 中。利用接收字符完成中断事件 8（或 25），可方便地将存储在 SMB2 中的字符及时取出。

· 可利用接收结束中断控制接收数据。当由 TBL 指定的多个字符接收完成时，将产生接收结束中断事件 23（通信端口 0）或接收结束中断事件 24（通信端口 1），利用这个中断事件可在接收到最后一个字符后，通过中断子程序迅速处理接收到缓冲区的字符。

· 接收信息特殊存储器字节 SMB86～SMB94（SMB186～SMB194）。PLC 在进行数据接收通信时，通过 SMB87（或 SMB187）来控制接收信息；通过 SMB86（或 SMB186）来监控接收信息。其具体字节含义见表 2-6。

表 2-6 通信用特殊存储器字节 SMB86（SMB186）～SMB94（SMB194）的含义

端口 0	端口 1	字 节 含 义
SMB86	SMB186	接收信息状态字节 7　　　　　　　　　　0 | N | R | E | O | O | T | C | P | N=1:用户的禁止命令,使接收信息停止。 R=1:因输入参数错误或缺少起始条件引起的接收信息结束。 E=1:接收到结束字符。 T=1:因超时引起的接收信息停止。 C=1:因字符数超长引起的接收信息停止。 P=1:因奇偶校验错误引起的接收信息停止
SMB87	SMB187	接受信息控制字节 7　　　　　　　　　　　　　　　　　　　0 | EN | SC | EC | IL | C/M | TMR | BK | O | EN=0:禁止接收信息的功能;EN=1:允许接收信息的功能; 每当执行 RCV 指令时,检查允许接收信息位。 SC:是否用 SMB88 或 SMB188 的值检测起始信息,0=忽略,1=使用。 EC:是否用 SMB89 或 SMB189 的值检测结束信息,0=忽略,1=使用。 IL:是否用 SMW90 或 SMW190 的值检测空闲状态,0=忽略,1=使用。 C/M:定时器定时性质,0=内部字符定时器;1=信息定时器。 TMR:是否使用 SMW92 或 SMW192 的值终止接收,0=忽略,1=使用。 BK:是否使用中断条件来检测起始信息,0=忽略,1=使用

端口 0	端口 1	字 节 含 义
SMB88	SMB188	信息的开始字符
SMB89	SMB189	信息的结束字符
SMB90	SMB190	空闲线时间段。按毫秒设定。空闲线时间溢出后接收的第一个字符是新信息的开始字符
SMB91	SMB191	SMB90(或 SMB190)是最高有效字节,而 SMB91(或 SMB191)是最低有效字节
SMB92	SMB192	字符间/信息间定时器超时。按毫秒设定。如果超过这个时间段,则终止接收信息
SMB93	SMB193	SMB92(或 SMB192)是最高有效字节,而 SMB93(或 SMB193)是最低有效字节
SMB94	SMB194	要接收的最大字符数(1~255B) 注:不论什么情况,这个范围必须设置到所希望的最大缓冲区大小

（3）发送/接收指令编程举例

两个 PLC 之间的自由口通信。已知有两台 S7-224 型号 PLC 甲和乙。要求甲机和乙机采用可编程通信模式进行数据交换。乙机的 IB0 控制甲机的 QB0。对发送和接收的时间配合关系无特殊要求。

① 编程要领　设乙机发送数据缓冲区首地址为 VB200,在方式开关由 RUN 位置转向 TERM 位置时,建立自由端口通信协议,将 IB0 的数据送至数据缓冲区,执行 XMT 指令发送数据;甲机通过 SMB2 接收乙机发送过来的数据,在方式开关由 RUN 位置转向 TERM 位置时,建立自由端口通信协议,将接收字符中断事件 8 连接到中断子程序 0,在中断服务程序中从 SMB2 读取乙机数据,然后再送至 QB0。

② 控制程序　乙机的发送程序如图 2-117 所示,甲机的接收程序如图 2-118 所示。

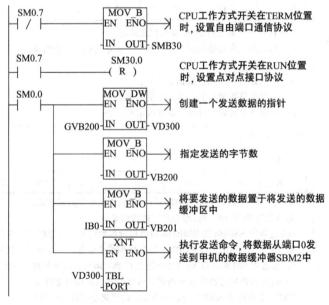

图 2-117　乙机发送梯形图程序

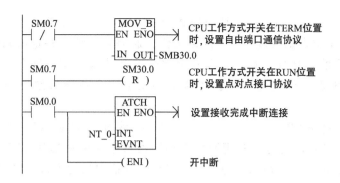

(a) 甲机接收主程序

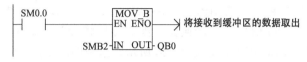

(b) 甲机接收中断服务程序

图 2-118　甲机接收梯形图程序

③ 程序说明

· 发送程序。由于指令 XMT 的格式要求，其 PORT 端除支持直接寻址方式外，还可支持间接寻址。考虑到该程序对发送数据所存放地址的灵活性，故选用指针方式的间接寻址。指针的内容放在 VD300 中。通过查表 2-4，将 SMB30 设置为 09H，其含义是：自由端口通信模式，每字符 8 位，无奇偶校验，波特率为 9600bps 等特性。一直将 IB0 的内容送往发送缓冲区 VB201 中，这样可保证乙机的 IB0 对甲机的 QB0 的控制作用一直有效。

· 接收程序。同发送程序，先进行通信方式的设定，在主程序中将接收中断（事件号8）与中断子程序 0 相连接，之后全局开中断。在中断服务程序中读取接收缓冲寄存器 SMB2 的内容送至甲机的 QB0。

2.10.2　S7-200 系列 PLC 的网络通信

2.10.2.1　S7-200 系列 PLC 的网络连接形式

（1）点对点通信网络

在这种连接形式中，采用一根 PC/PPI 电缆，将计算机与 PLC 连接在一个网络中，PLC 之间的连接则通过网络连接器来完成，如图 2-119 所示。这种网络使用 PPI 协议进行通信。

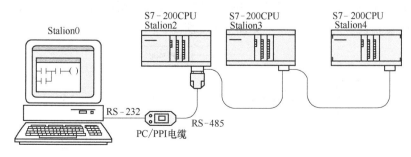

图 2-119　一台电脑与多台 PLC 相连

PPI 协议是一个主/从协议。这是一种基于字符的协议，共使用 11 位字符：1 位起始位，8 位数据位，1 位奇偶校验位，1 位结束位。通信帧依赖于特定起始位字符和结束字符、源站地址和目的站地址、帧长，以及全部数据和校验字符。这个协议支持一主机多从机连接和多主机多从机连接方式。在这个协议中，主站给从站发送申请，从站进行响应。

如果在程序中允许 PPI 主站模式，一些 S7-200 系列 CPU 在 RUN 模式下可以作为主站。一旦允许主站模式，就可以利用网络读和网络写指令读写其他 CPU。当 S7-200 系列 CPU 作为 PPI 主站时，它还可以作为从站响应来自其他主站的申请。对于任何一个从站有多少个主站与它通信，PPI 没有限制，但是在网络中最多只能有 32 个主站。

（2）多点网络

计算机或编程设备中插入一块 MPI 卡（多点接口卡）或 CP 卡（通信处理卡），由于该卡本身具有 RS-232/RS-485 信号电平转换器，因此可以将计算机或编程设备直接通过 RS-485 电缆与 S7-200 系列 PLC 相连，如图 2-120 所示。这种网络使用 MPI 协议通信。

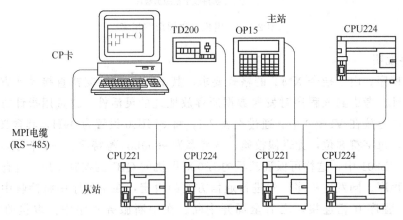

图 2-120　多点网络示意图

MPI 协议可以是主/主协议或主/从协议。协议如何操作有赖于设备类型。如果设备是 S7-300 系列 CPU，则建立主/主连接，因为所有的 S7-300 系列 CPU 都是网络主站。如果是 S7-200 系列 CPU，则建立主/从连接，因为 S7-200 系列 CPU 是从站。MPI 总是在两个相互通信的设备之间建立连接。主站为了应用可以短时间建立一个连接，或无限地保持连接的断开。

（3）Profibus 网络

S7-200 系列 PLC 通过 EM277 Profibus-DP 模块可以方便地与 Profibus 现场总线进行连接，进而实现低档设备的网络运行，如图 2-121 所示。

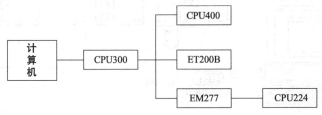

图 2-121　Profibus-DP 多站网络

Profibus 协议设计用于分布式 I/O 设备（远程 I/O）的高速通信。在 S7-200 系列 PLC 中，CPU222、CPU224 和 CPU226 都可以通过 EM277 Profibus-DP 扩展模板支持 Profibus-DP 网络协议。

Profibus 网络通常有一个主站和几个 I/O 从站。主站初始化网络并核对网络上的从站设备和配置是否匹配。当 DP（distrihuted peripheral）主站成功地组态一个从站时，它就拥有该从站，如果网络中有第二个主站，则它只能很有限地访问第一个主站的从站。

（4）IT 网络

通过 CP-243-1IT 通信处理器，可以将 S7-200 系统连接到工业以太网（IE）中。通过工业以太网，一台 S7-200 可以与另一台 S7-200、S7-300 或 S7-400 进行通信，也可与 OPC 服务器及 PC 进行通信，还可以通过 CP-243-1IT 通信处理器的 IT 功能非常容易地与其他计算机以及控制器系统交换文件，可以在全球范围内实现控制器和当今办公环境中所使用的普通计算机之间的连接。这种连接的系统示意图如图 2-122 所示。

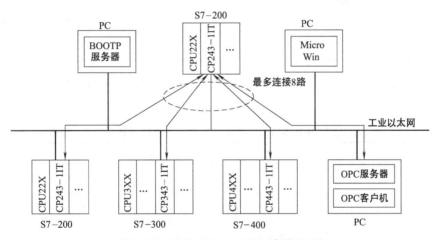

图 2-122　通过 CP-243-1IT 组成的 IT 网

2.10.2.2　网络读/写通信指令

在 SIMATIC S7 的网络中，S7-200 被默认为从站，只有在采用 PPI 通信协议时，有些 S7-200 系列的 PLC 允许工作于 PPI 主站模式。将 PLC 的通信端口 0 或通信端口 1 设定工作于 PPI 主站模式，是通过设置 SMB30 或 SMB130 的低两位的值来进行的（表 2-3）。所以只要将 SMB30 或 SMB130 的低两位取值 2♯10 就将 PLC 的通信端口 0 或通信端口 1 设定工作于 PPI 主站模式，就可以执行网络读写指令了。

（1）网络读写指令的格式与功能

网络读写指令的格式与功能见表 2-7。

① TBL 指定被读/写的网络通信数据表，其寻址的寄存器为 VB、MB、＊VD、＊AC，其表的格式如表 2-8 所示。

② PORT 指定通信端口 0 或 1。

③ NETR（NETW）指令可从远程站最多读入（写）16 字节的信息，同时可最多激活 8 条 NETR 和 NETW 指令。例如，在一个 S7-200 系列 PLC 中可以有 4 条 NETR 和 4 条 NETW 指令，或 6 条 NETR 指令和 2 条 NETW 指令。

（2）网络通信数据表的格式

表 2-7 网络读写指令的格式与功能

梯形图 LAD	语 句 表		功 能
	操作码	操作数	
网络读指令 NETR EN TBL PORT	NETR	TBL,PORT	当使能输入 EN 有效时,通过 PORT 指定的通信口,根据 TBL 指定的表中的定义读取远程装置的数据
网络写指令 NETWEN EN TBL PORT	NETW	TBL,PORT	当使能输入 EN 有效时,通过 PORT 指定的通信口,根据 TBL 指定的表中的定义将数据写入远程设备中去

在执行网络读写指令时,PPI 主站与从站之间传送数据的网络通信数据表(TBL)的格式如表 2-8 所示。

表 2-8 PPI 主站与从站之间传送数据的网络通信数据表(TBL)的格式

字节偏移地址	字节名称	描 述
0	状态字节	7　　　　　　　　　　　　　　　　　　　　　　　0 D　A　E　O　E1　E2　E3　E4
	状态字节	D:操作完成位。D=0:未完成;D=1:完成。 A:操作排队有效位。A=0:无效;A=1:有效。 E:错误标志位。E=0:无错误;E=1:有错误。 E1、E2、E3、E4 为错误编码。如果执行指令后,E=1,则 E1、E2、E3、E4 返回一个错误编码,编码及说明见表 2-9
1	远程设备地址	被访问的 PI 上从站地址
2 3 4 5	远程设备的数据指针	被访问数据的间接指针 指针可以指向 I、Q、M 和 V 数据区
6	数据长度	远程站点被访问数据的字节数
7 8 ... 22	数据字节 0 数据字节 1 ... 数据字节 15	接收或发送数据区;对 NETR,执行 NETR 后,从远程站点读到的数据存放在这个数据区中;对 NETW,执行 NETW 前,要发送到远程站点的数据存放在这个数据区

表 2-9　网络通信指令错误编码表

E1E2E3E4	错误码	含　义
0000	0	无错限
0001	1	时间溢出错误:远程站无响应
0010	2	接收错误:校验错误,或检查时出错
0011	3	离线错误:站号重复或硬件损坏
0100	4	队列溢出出错:激活超过 8 个 NETR/NETW 框
0101	5	违反协议:没有在 SMB30 中使能 PPI,却要执行 NETR/NFTW 指令
0110	6	非法参数:NETR/NETW 的表中含有非法的或无效的值
0111	7	没有资源:远程站忙
1000	8	layer7 错误:应用协议冲突
1001	9	信息错误:错误的数据地址或数据长度不正确
1010～1111	A～F	未用,为将来的使用保留

（3）网络读/写指令编程举例

要求 A 机用网络读指令读取 B 机的 IB0 的值后，将它写入本机的 QB0，A 机同时用网络写指令将它的 IB0 的值写入 B 机的 QB0 中。在这一网络通信过程中，B 机是被动的，它不需要编写通信程序，所以只要求设计 A 机的通信程序，假定 A 机的网络地址是 2，B 机的网络地址是 3。对应的网络通信数据表如表 2-10 所示，对应的梯形图程序如图 2-123 和图 2-124 所示。

表 2-10　网络通信数据表

字节意义	状态字节	远程站地址	远程站数据区指针	读写的数据长度	数据字节
NETR 缓冲区	VB200	VB201	VD202	VB206	VB207
NETW 缓冲区	VB210	VB211	VD212	VB216	VB217

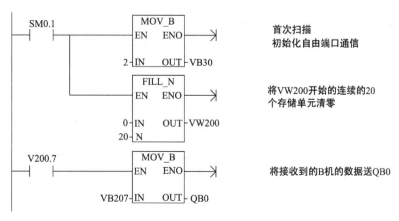

图 2-123　A 机通信与控制程序（1）

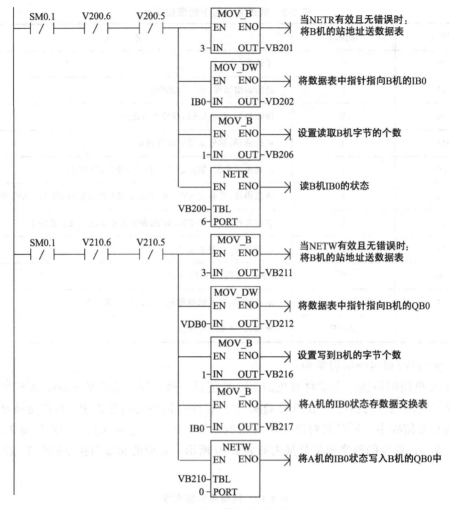

图 2-124 A机通信与控制程序（2）

【习题】

2-1 自动化生产线中的常用机械传动机构有哪些？

2-2 在自动化生产线中常用的传感器有哪些？

2-3 气动系统由哪些主要部件组成？各组成部分各有何作用？

2-4 说明下列图形符号的含义（图 2-125）。

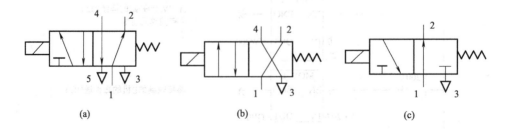

图 2-125 习题2-4图

2-5 常用的气动基本回路有哪些？

2-6 在自动化生产线中常用的执行机构有哪些？

2-7 伺服电动机也称执行电动机，在自动控制系统中作为执行元件，其任务是什么？

2-8 电磁阀按原理可分为哪几类？

2-9 人机界面是什么？有什么作用？

2-10 试述电阻式触摸屏的工作原理。

2-11 什么叫"组态"？使用你校已有的软件制作一个控制电动机正反转的工程。

2-12 自动控制的三大技术支柱是什么？

2-13 PLC 主要由哪几部分组成？

2-14 简述工业控制计算机的组成。

2-15 什么叫"现场总线技术"，现场总线技术的优点有哪些？

2-16 试述通用变频器的基本工作原理。

2-17 何谓自由端口协议？如何设置它的寄存器？

2-18 S7-200 系列 PLC 的网络连接形式有哪些类型？每种类型有何特点？

2-19 什么是 CAN 总线？它有哪些优越性？

2-20 用拥有的 PLC 和组态软件（如 MCGS 或 EasyBuilder）界面设计一台异步电动机的正反转控制系统，要有美观的控制画面，PLC 能与组态软件通信，实现控制功能。

模块三　YL-335B 自动化生产线安装与调试

【学习目标】
① 了解 YL-335B 自动化生产线。
② 掌握 YL-335B 各单元的控制。
③ YL-335B 自动化生产线的触摸屏与组态。
④ 学会对自动化生产线进行安装、调试与维护。

3.1　YL-335B 自动化生产线认识

浙江××教仪有限公司生产的 YL-335A 型自动生产线实训考核装备是 2008 全国职业院校技能大赛高职组自动化生产线安装与调试技能比赛采用的竞赛设备。它综合运用了气动、机械、传感器、PLC、步进电动机、变频器等多项技术，模拟一个与实际生产十分接近的控制过程，学习者可以在一个非常接近于实际的教学设备环境中提高机电一体化综合技能。2009 年"亚龙杯"高职院校"自动线安装与调试"技能大赛指定设备 YL-335B 自动化生产线是在 YL-335A 基础上的兼容式升级产品，其可扩展性、单站实施教学独立性、组态的灵活性和设备运行的可靠性等方面作了相应的改进，涵盖了高职高专机电类相关专业的核心技术内容，有利于高职机电类专业综合实训课程的教学设计与实施，融入了国家劳动和社会保障部的"可编程序系统设计师（三级）"职业资格标准要求。因此，本模块以 YL-335B 自动化生产线为例，介绍安装、调试、维护基本知识与技能。

YL-335B 型自动生产线实训考核装备由安装在铝合金导轨式实训台上的供料单元、加工单元、装配单元、输送单元和分拣单元五个单元组成。其中，每一工作单元都可自成一个独立的系统，同时也是一个机电一体化相关技术的训练系统。

在 YL-335B 设备上应用了多种类型的传感器，分别用于判断物体的运动位置、物体通过的状态、物体的颜色及材质等。

在控制方面，YL-335B 采用了基于 RS-485 串行通信的 PLC 网络控制方案，即每一工作单元由一台 PLC 承担其控制任务，各 PLC 之间通过 RS-485 串行通信实现互联的分布式控制方式。根据需要选择不同厂家的 PLC 及其所支持的 RS-485 通信模式，组建成一个小型的 PLC 网络。

各生产单元的结构和功能如下。

3.1.1　供料单元

供料单元主要由料仓及料槽、顶料气缸、推料气缸和物料台以及相应的传感器、电磁阀构成，如图 3-1 所示。

本单元工作过程如下。系统启动后，顶料气缸伸出顶住倒数第二个工件；推料气缸推出，把料槽中最底层的工件推到物料台上工件抓取位。工件到位传感器检测到工件到位后，推出气缸和顶料气缸逐个缩回，倒数第二层工件落到最底层，等待推出。搬运站机械手伸出

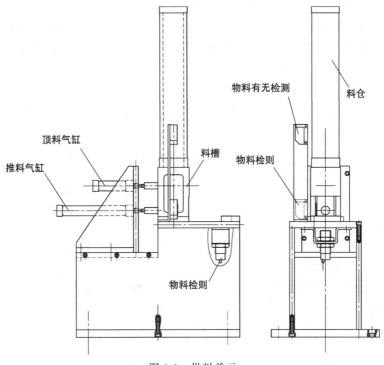

图 3-1　供料单元

并抓取该工件，并将其运送往加工单元。

3.1.2　加工单元

　　加工单元主要由物料台、夹紧机械手、物料台伸出/缩回气缸、加工（冲压）气缸以及相应的传感器、电磁阀构成，如图 3-2 所示。

　　本单元的功能是完成一个对工件的冲压加工过程，流程如下。

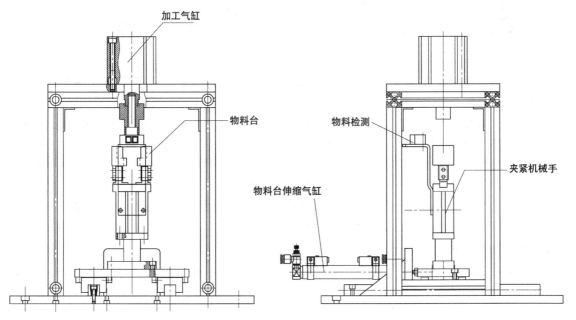

图 3-2　加工单元

输送单元机械手把工件运送到物料台上→物料检测传感器检测到工件→机械手指夹紧工件→物料台回到加工区域冲压气缸的下方→冲压气缸向下伸出冲压工件→完成冲压动作后向上缩回→冲压气缸缩回到位→物料台重新伸出→到位后机械手指松开→输送单元机械手伸出并夹紧工件，将其运送往装配单元。

3.1.3 装配单元

装配单元是 YL-335B 中对工件处理的另一单元，在整个系统中，起着对输送站送来工件进行装配及小工件供料的作用。

装配单元主要包括供料机构、旋转送料单元、机械手装配单元、放料台等，如图 3-3 所示。

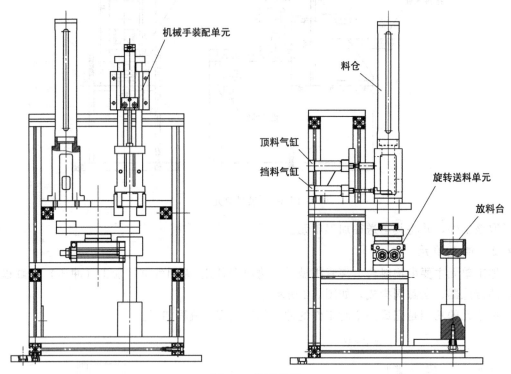

图 3-3 装配单元

本站功能是完成上盖工序，即把黑色或白色两种小圆柱工件嵌入到大工件中的装配过程。

当输送单元的机械手把工件运送到装配站物料台上时，顶料气缸伸出顶住供料单元倒数第二个工件；挡料气缸缩回，使料槽中最底层的小圆柱工件落到旋转供料台上，然后旋转供料单元顺时针旋转 180°（右旋），到位后装配机械手按下降气动手爪→抓取小圆柱→手爪提升→手臂伸出→手爪下降→手爪松开的动作顺序，把小圆柱工件顺利装入大工件中，机械手装配单元复位的同时，旋转送料单元逆时针旋转 180°（左旋）回到原位，搬运站机械手伸出并抓取该工件，并将其运送往物料分拣单元。

3.1.4 分拣单元

完成将上一单元送来的已加工、装配的工件进行分拣，使不同颜色和材质的工件从不同的料槽分流、分别进行组合的功能。

分拣单元主要包括传送带机、三相电机动力单元、分拣气动组件、传感器检测单元、反馈和定位机构等，如图 3-4 所示。

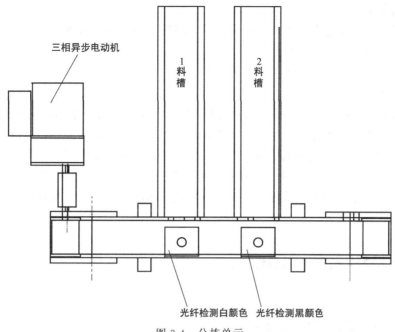

图 3-4   分拣单元

本单元的功能是对从装配单元送来的装配好的工件进行分拣。当输送单元送来工件放到传送带上并被入料口光电传感器检测到时，即启动变频器，工件开始送入分拣区。如果进入分拣区工件为白色，则由检测白色物料的光纤传感器动作，作为 1 号槽推料气缸启动信号，将白色料推到 1 号槽里；如果进入分拣区工件为黑色，由检测黑色的光纤传感器作为 2 号槽推料气缸启动信号，将黑色料推到 2 号槽里。自动生产线的加工结束。

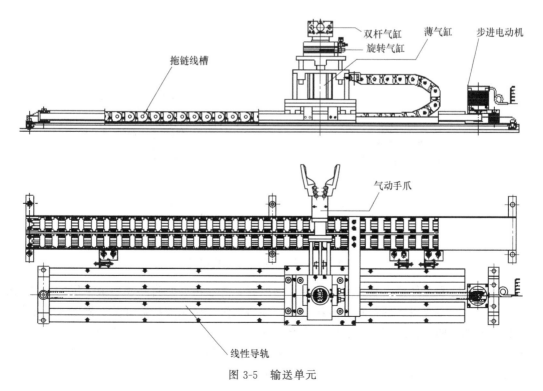

图 3-5   输送单元

3.1.5　输送单元

输送单元主要由步进电动机、步进驱动器、线性导轨、四自由度搬运机械手、电磁阀和原点定位开关构成，如图 3-5 所示。

本单元的功能是完成向各个工作单元输送工件，系统分为四自由度抓取机械手单元和直线位移位置精确控制单元两部分。系统上电后，先执行回原点操作，当到达原点位置后，若系统启动，供料单元物料台检测传感器检测到有工件时，机械手整体先提升到位后手爪伸出，到位后手爪夹紧，夹紧到位手爪开始缩回，机械手整体下降到位后，步进电动机开始工作，按设定好的脉冲量输入加工单元。加工单元到位后机械手整体提升，提升到位后手爪伸出，伸出到位后机械手整体下降，下降到位后工件已放入加工单元物料台上，然后手爪松开，松开到位后机械手回缩，等加工单元加工完成后再将工件送到装配单元和分拣单元完成整个自动生产线加工过程。

3.2　YL-335B 各单元的控制

3.2.1　供料单元的控制

3.2.1.1　供料单元的结构和工作过程

供料单元的主要结构组成为：工件装料管、工件推出装置、支承架、阀组、端子排组件、PLC、急停按钮和启动/停止按钮、走线槽、底板等。其中，机械部分结构组成如图 3-6 所示。

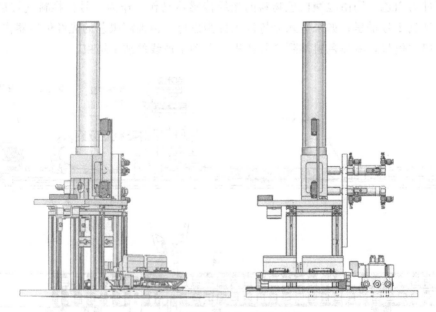

图 3-6　供料单元的主要结构组成

工件装料管和工件推出装置用于储存工件原料，并在需要时将料仓中最下层的工件推出到出料台上。它主要由管形料仓、推料气缸、顶料气缸、磁感应接近开关、漫射式光电传感器组成。该部分的工作原理是：工件垂直叠放在料仓中，推料缸处于料仓的底层并且其活塞杆可从料仓的底部通过；当活塞杆在退回位置时，它与最下层工件处于同一水平位置，而夹紧气缸则与次下层工件处于同一水平位置；在需要将工件推出到物料台上时，首先使夹紧气缸的活塞杆推出，压住次下层工件，然后使推料气缸活塞杆推出，从而把最下层工件推到物料台上；在推料气缸返回并从料仓底部抽出后，再使夹紧气缸返回，松开次下层工件；这样，料仓中的工件在重力的作用下，就自动向下移动一个工件，为下一次推出工件做好准备。

在底座和管形料仓第4层工件位置，分别安装一个漫射式光电开关。它们的功能是检测料仓中有无储料或储料是否足够。若该部分机构

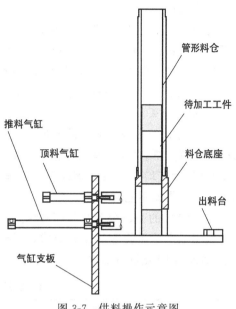

内没有工件，则处于底层和第4层位置的两个漫射式光电接近开关均处于常态；若仅在底层有3个工件，则底层处光电接近开关动作而第4层处光电接近开关常态，表明工件已经快用完了。这样，料仓中有无储料或储料是否足够，就可用这两个光电接近开关的信号状态反映出来。推料缸把工件推出到出料台上。出料台面开有小孔，出料台下面设有一个圆柱形漫射式光电接近开关，工作时向上发出光线，从而透过小孔检测是否有工件存在，以便向系统提供本单元出料台有无工件的信号。在输送单元的控制程序中，就可以利用该信号状态来判断是否需要驱动机械手装置来抓取此工件。其操作示意图如图3-7所示。

图 3-7　供料操作示意图

3.2.1.2　供料单元的气动控制

气动控制回路是本工作单元的执行机构，该执行机构的逻辑控制功能是由 PLC 实现的。气动控制回路的工作原理如图3-8所示。图中 1A 和 2A 分别为推料气缸和顶料气缸。1B1 和 1B2 为安装在推料缸的两个极限工作位置的磁感应接近开关，2B1 和 2B2 为安装在推料缸的两个极限工作位置的磁感应接近开关。1Y1 和 2Y1 分别为控制推料缸和顶料缸的电磁阀的电磁控制端。通常，这两个气缸的初始位置均设定在缩回状态。

3.2.1.3　供料单元的 PLC 控制

（1）控制要求

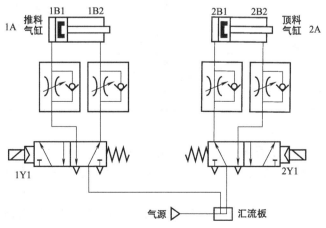

图 3-8　供料单元气动控制回路工作原理图

这里只考虑供料单元作为独立设备运行时的情况，单元工作的主令信号和工作状态显示信号来自 PLC 旁边的按钮/指示灯模块。并且，按钮/指示灯模块上的工作方式选择开关 SA 应置于"单站方式"位置。具体的控制要求如下。

① 设备上电源和气源接通后，若工作单元的两个气缸均处于缩回位置，且料仓内有足够的待加工工件，则"正常工作"指示灯 HL1 常亮，表示设备准备好。否则，该指示灯以 1Hz 频率闪烁。

② 若设备准备好，按下启动按钮，工作单元启动，"设备运行"指示灯 HL2 常亮。启动后，若出料台上没有工件，则应把工件推到出料台上。出料台上的工件被人工取出后，若没有停止信号，则进行下一次推出工件操作。

③ 若在运行中按下停止按钮，则在完成本工作周期任务后，各工作单元停止工作，HL2 指示灯熄灭。

④ 若在运行中料仓内工件不足，则工作单元继续工作，但"正常工作"指示灯 HL1 以 1Hz 的频率闪烁，"设备运行"指示灯 HL2 保持常亮。若料仓内没有工件，则 HL1 指示灯和 HL2 指示灯均以 2Hz 频率闪烁。工作站在完成本周期任务后停止。除非向料仓补充足够的工件，工作站不能再启动。

（2）PLC 的 I/O 分配及外部接线图

根据工作单元装置的控制要求，供料单元 PLC 选用 S7-224 AC/DC/RLY 主单元，共 14 点输入和 10 点继电器输出。PLC 的 I/O 信号分配如表 3-1 所示，接线原理图则见图 3-9。

表 3-1　供料单元 PLC 的 I/O 信号表

__序号_	PLC 输入点	信号名称	信号来源	序号	PLC 输出点	信号名称	信号来源
		输入信号				输出信号	
1	I0.0	顶料气缸伸出到位	装置侧	1	Q0.0	顶料电磁阀	装置侧
2	I0.1	顶料气缸缩回到位		2	Q0.1	推料电磁阀	
3	I0.2	推料气缸伸出到位		3	Q0.2		
4	I0.3	推料气缸缩回到位		4	Q0.3		
5	I0.4	出料台物料检测		5	Q0.1		
6	I0.5	供料不足检测		6	Q0.5		
7	I0.6	缺料检测		7	Q0.6		
8	I0.7	金属工件检测		8	Q0.7		
9	I1.0			9	Q1.0	正常工作指示	按钮/指示灯模块
10	I1.1			10	Q1.1	运行指示	
11	I1.2	停止按钮	按钮/指示灯模块				
12	I1.3	启动按钮					
13	I1.4						
14	I1.5	工作方式选择					

（3）程序设计

① 程序结构：有两个子程序，一个是系统状态显示，另一个是供料控制。主程序在每一扫描周期都调用系统状态显示子程序，仅当在运行状态已经建立才可能调用供料控制子程序。

② PLC 上电后应首先进入初始状态检查阶段，确认系统已经准备就绪后，才允许投入运行，这样可及时发现存在问题，避免出现事故。例如，若两个气缸在上电和气源接入时不

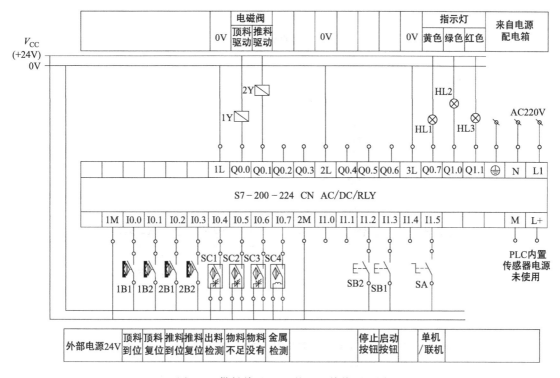

图 3-9　供料单元 PLC 的 I/O 接线原理图

在初始位置,这是气路连接错误的缘故,显然在这种情况下不允许系统投入运行。通常的PLC 控制系统往往有这种常规的要求。

③ 供料单元运行的主要过程是供料控制,它是一个步进顺序控制过程。

④ 如果没有停止要求,顺控过程将周而复始地不断循环。常见的顺序控制系统正常停止要求是,接收到停止指令后,系统在完成本工作周期任务即返回到初始步后才停止下来。

⑤ 当料仓中最后一个工件被推出后,将发生缺料报警。推料气缸复位到位,亦完成本工作周期任务即返回到初始步后,也应停止下来。

按上述分析,可画出如图 3-10 所示的系统主程序梯形图。

供料控制子程序的步进顺序流程如图 3-11 所示。图中,初始步 S0.0 在主程序中,当系统准备就绪且接收到启动脉冲时被置位。

3.2.2　加工单元的控制

3.2.2.1　加工单元的结构和工作过程

加工单元的功能是完成把待加工工件从物料台移送到加工区域冲压气缸的正下方;完成对工件的冲压加工,然后把加工好的工件重新送回物料台的过程。加工单元装置主要结构组成为:加工台及滑动机构,加工(冲压)机构,电磁阀组,接线端口,底板等。该单元机械结构总成如图 3-12 所示。

(1)物料台及滑动机构

加工台及滑动机构如图 3-13 所示。加工台用于固定被加工件,并把工件移到加工(冲压)机构正下方进行冲压加工。它主要由手爪、气动手指、加工台伸缩气缸、线性导轨及滑块、磁感应接近开关、漫射式光电传感器组成。

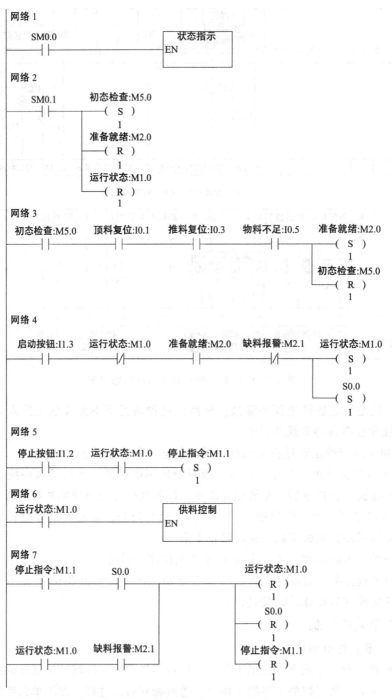

图 3-10　主程序梯形图

滑动加工台的工作原理：滑动加工台在系统正常工作后的初始状态为伸缩气缸伸出、加工台气动手指张开的状态，当输送机构把物料送到料台上，物料检测传感器检测到工件后，PLC 按控制程序驱动气动手指将工件夹紧→加工台回到加工区域冲压气缸下方→冲压气缸活塞杆向下伸出冲压工件→完成冲压动作后向上缩回→加工台重新伸出→到位后气动手指松开的顺序完成工件加工工序，并向系统发出加工完成信号，为下一次工件到来加工做准备。

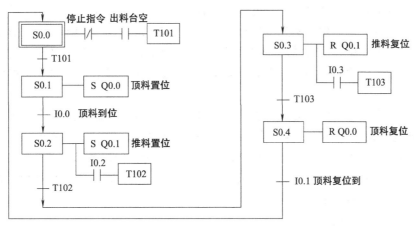

图 3-11　供料控制子程序流程图

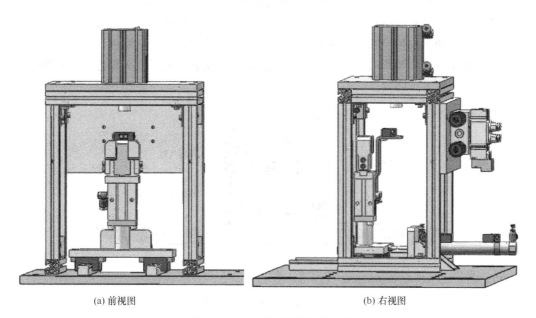

(a) 前视图　　　　　　　　　　(b) 右视图

图 3-12　加工单元机械结构总成

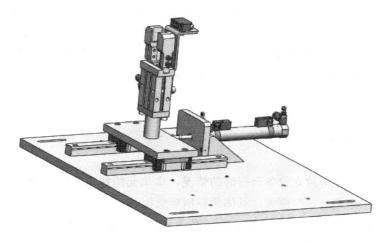

图 3-13　加工台及滑动机构

在移动料台上安装一个漫射式光电开关。若加工台上没有工件，则漫射式光电开关均处于常态；若加工台上有工件，则光电接近开关动作，表明加工台上已有工件。该光电传感器的输出信号送到加工单元 PLC 的输入端，用以判别加工台上是否有工件需进行加工；当加工过程结束，加工台伸出到初始位置。同时，PLC 通过通信网络，把加工完成信号回馈给系统，以协调控制。

移动料台上安装的漫射式光电开关仍选用 E3Z-L61 型放大器内置型光电开关（细小光束型），该光电开关的原理和结构以及调试方法在前面已经介绍过了。移动料台伸出和返回到位的位置是通过调整伸缩气缸上两个磁性开关位置来定位的。要求缩回位置位于加工冲头正下方；伸出位置应与输送单元的抓取机械手装置配合，确保输送单元的抓取机械手能顺利地把待加工工件放到料台上。

（2）加工（冲压）机构

加工（冲压）机构如图 3-14 所示。加工机构用于对工件进行冲压加工。它主要由冲压气缸、冲压头、安装板等组成。冲压台的工作原理是：当工件到达冲压位置既伸缩气缸活塞杆缩回到位时，冲压缸伸出对工件进行加工，完成加工动作后冲压缸缩回，为下一次冲压做准备。冲头根据工件的要求对工件进行冲压加工，冲头安装在冲压缸头部。安装板用于安装冲压缸，对冲压缸进行固定。

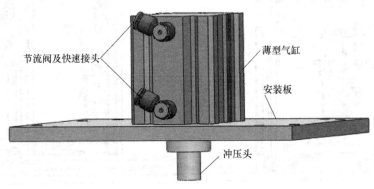

图 3-14　加工（冲压）机构

3.2.2.2　加工单元的气动控制

加工单元的气动控制元件均采用二位五通单电控电磁换向阀，各电磁阀均带有手动换向和加锁钮。它们集中安装成阀组固定在冲压支承架后面。气动控制回路的工作原理如图 3-15 所示。1B1 和 1B2 为安装在冲压气缸的两个极限工作位置的磁感应接近开关，2B1 和 2B2 为安装在加工台伸缩气缸的两个极限工作位置的磁感应接近开关，3B1 为安装在手爪气缸工作位置的磁感应接近开关。1Y1、2Y1 和 3Y1 分别为控制冲压气缸、加工台伸缩气缸和手爪气缸的电磁阀的电磁控制端。

3.2.2.3　加工单元的 PLC 控制

（1）控制要求

只考虑加工单元作为独立设备运行时的情况，本单元的按钮/指示灯模块上的工作方式选择开关应置于"单站方式"位置。具体的控制要求如下。

① 初始状态：设备上电和气源接通后，滑动加工台伸缩气缸处于伸出位置，加工台气动手爪处于松开的状态，冲压气缸处于缩回位置，急停按钮没有按下。

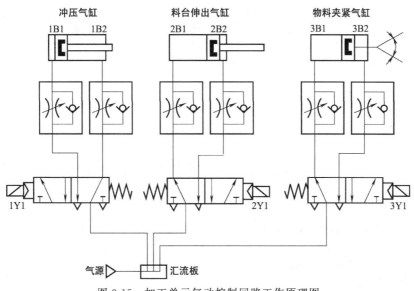

图 3-15 加工单元气动控制回路工作原理图

若设备在上述初始状态，则"正常工作"指示灯 HL1 常亮，表示设备准备好。否则，该指示灯以 1Hz 频率闪烁。

② 若设备准备好，按下启动按钮，设备启动，"设备运行"指示灯 HL2 常亮。当待加工工件送到加工台上并被检出后，设备执行将工件夹紧，送往加工区域冲压，完成冲压动作后返回待料位置的加工工序。如果没有停止信号输入，当再有待加工工件送到加工台上时，加工单元又开始下一周期工作。

③ 在工作过程中，若按下停止按钮，加工单元在完成本周期的动作后停止工作，HL2 指示灯熄灭。

（2）PLC 的 I/O 分配及外部接线图

加工单元选用 S7-224 AC/DC/RLY 主单元，共 14 点输入和 10 点继电器输出。

PLC 的 I/O 信号表如表 3-2 所示，接线原理图如图 3-16 所示。

表 3-2 加工单元 PLC 的 I/O 信号表

输入信号				输出信号			
序号	PLC 输入点	信号名称	信号来源	序号	PLC 输出点	信号名称	信号来源
1	I0.0	加工台物料检测	装置侧	1	Q0.0	夹紧电磁阀	装置侧
2	I0.1	工件夹紧检测		2	Q0.1		
3	I0.2	加工台伸出到位		3	Q0.2	料台伸缩电磁阀	
4	I0.3	加工台缩回到位		4	Q0.3	加工压头电磁阀	
5	I0.4	加工压头上限		5	Q0.1		
6	I0.5	加工压头下限		6	Q0.5		
7	I0.6			7	Q0.6		
8	I0.7			8	Q0.7		
9	I1.0			9	Q1.0	正常工作指示	按钮/指示灯模块
10	I1.1			10	Q1.1	运行指示	
11	I1.2	停止按钮	按钮/指示灯模块				
12	I1.3	启动按钮					
13	I1.4	急停按钮					
14	I1.5	单站/全线					

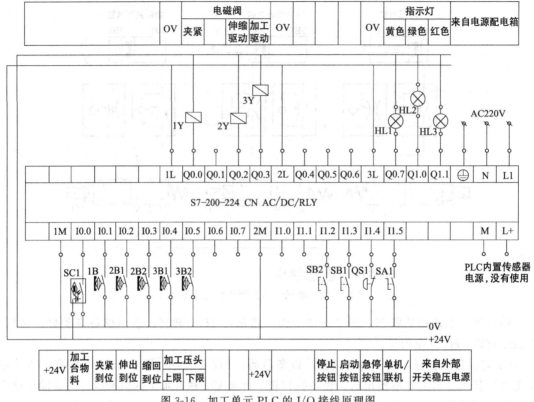

图 3-16　加工单元 PLC 的 I/O 接线原理图

（3）程序设计

加工单元主程序流程与供料单元类似，也是 PLC 上电后应首先进入初始状态检查阶段，确认系统已经准备就绪后，才允许接收启动信号投入运行。但加工单元工作任务中增加了急

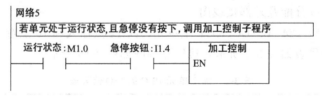

图 3-17　加工控制子程序的调用

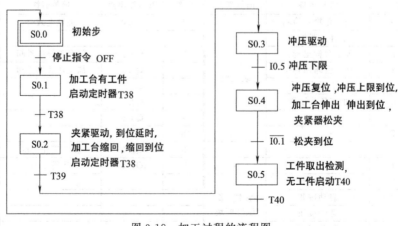

图 3-18　加工过程的流程图

停功能。为此，调用加工控制子程序的条件应该是"单元在运行状态"和"急停按钮未按"两者同时成立，如图 3-17 所示。

这样，当在运行过程中按下急停按钮时，立即停止调用加工控制子程序，但急停前当前步的元件仍在置位状态，急停复位后，就能从断点开始继续运行。加工过程也是一个顺序控制，其步进流程图如图 3-18 所示。

从流程图可以看到，当一个加工周期结束，只有加工好的工件被取走后，程序才能返回 S0.0 步，这就避免了重复加工的可能。

3.2.3　装配单元的控制

【任务目标】

①　了解装配单元的气动控制

②　了解装配单元的 PLC 控制（I/O 分配、PLC 外部接线图、程序设计）。

【任务内容】

3.2.3.1　装配单元的结构与工作过程

装配单元的功能是完成将该单元料仓内的黑色或白色小圆柱工件嵌入到放置在装配料斗的待装配工件中的装配过程。装配单元的结构组成包括：管形料仓，供料机构，回转物料台，机械手，待装配工件的定位机构，气动系统及其阀组，信号采集及其自动控制系统，以及用于电器连接的端子排组件，整条生产线状态指示的信号灯和用于其他机构安装的铝型材支架及底板，传感器安装支架等其他附件。其中，机械装配图如图 3-19 所示。

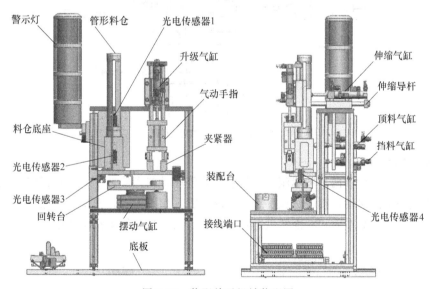

图 3-19　装配单元机械装配图

（1）管形料仓

管形料仓用来存储装配用的金属、黑色和白色小圆柱零件。它由塑料圆管和中空底座构成。塑料圆管顶端放置加强金属环，以防止破损。工件竖直放入料仓的空心圆管内，由于二者之间有一定的间隙，使其能在重力作用下自由下落。为了能对料仓供料不足和缺料时报警，在塑料圆管底部和底座处分别安装了 2 个漫反射光电传感器（E3Z-L 型），并在料仓塑料圆柱上纵向铣槽，以使光电传感器的红外光斑能可靠照射到被检测的物料上，如图 3-19 所示。光电传感器的灵敏度调整应以能检测到黑色物料为准则。

（2）落料机构

图 3-20 所示给出了落料机构剖视图。图中，料仓底座的背面安装了两个直线气缸。上面的气缸称为顶料气缸，下面的气缸称为挡料气缸。系统气源接通后，顶料气缸的初始位置在缩回状态，挡料气缸的初始位置在伸出状态。这样，当从料仓上面放下工件时，工件将被挡料气缸活塞杆终端的挡块阻挡而不能落下。需要进行落料操作时，首先使顶料气缸伸出，把次下层的工件夹紧，然后挡料气缸缩回，工件掉入回转物料台的料盘中。之后，挡料气缸复位伸出，顶料气缸缩回，次下层工件跌落到挡料气缸终端挡块上，为再一次供料作准备。

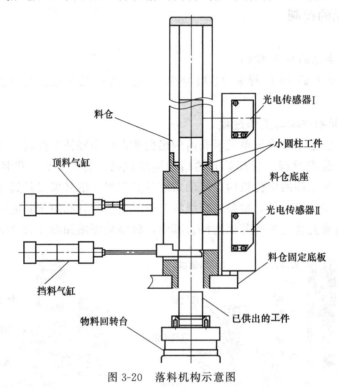

料仓
小圆柱工件
光电传感器Ⅰ
顶料气缸
料仓底座
光电传感器Ⅱ
料仓固定底板
挡料气缸
物料回转台
已供出的工件

图 3-20　落料机构示意图

（3）回转物料台

该机构由气动摆台和两个料盘组成，气动摆台能驱动料盘旋转 180°，从而实现把从供料机构落下到料盘的工件移动到装配机械手正下方的功能。如图 3-21，图中的光电传感器 1 和光电传感器 2 分别用来检测左面和右面料盘是否有零件。两个光电传感器均选用 CX-441 型。

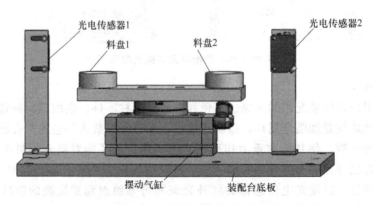

光电传感器1
料盘1
料盘2
光电传感器2
摆动气缸
装配台底板

图 3-21　回转物料台的结构

（4）装配机械手

装配机械手是整个装配单元的核心。当装配机械手正下方的回转物料台料盘上有小圆柱零件，且装配台侧面的光纤传感器检测到装配台上有待装配工件的情况下，机械手从初始状态开始执行装配操作过程。装配机械手整体外形如图3-22所示。装配机械手装置是一个三维运动的机构，它由水平方向移动和竖直方向移动的2个导向气缸和气动手指组成。

装配机械手的运行过程如下。

PLC驱动与竖直移动气缸相连的电磁换向阀动作，由竖直移动带导杆气缸驱动气动手指向下移动，到位后，气动手指驱动手爪夹紧物料，并将夹紧信号通过磁性开关传送给PLC，在PLC控制下，竖直移动气缸复位，被夹紧的物料随气动手指一并提起，当回转物料台的料盘提升到最高位后，水平移动气缸在与之对应的换向阀的驱动下，活塞杆伸出，移动到气缸前端位置后，竖直移动气缸再次被驱动下移，移动到最下端位置，气动手指松开，经短暂延时，竖直移动气缸和水平移动气缸缩回，机械手恢复初始状态。在整个机械手动作过程中，除气动手指松开到位无传感器检测外，其余动作的到位信号检测均采用与气缸配套的磁性开关，将采集到的信号输入PLC，由PLC输出信号驱动电磁阀换向，使由气缸及气动手指组成的机械手按程序自动运行。

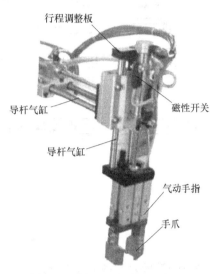

图3-22　装配机械手的整体外形

（5）装配台料斗

输送单元运送来的待装配工件直接放置在该机构的料斗定位孔中，由定位孔与工件之间的较小的间隙配合实现定位，从而完成准确的装配动作和定位精度。如图3-23所示。为了确定装配台料斗内是否放置了待装配工件，使用了光纤传感器进行检测。料斗的侧面开了一个M6的螺孔，光纤传感器的光纤探头就固定在螺孔内。

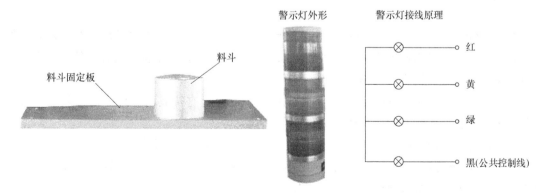

图3-23　装配台料斗　　　　　　图3-24　警示灯及其接线

（6）警示灯

本工作单元上安装有红、橙、绿三色警示灯，它是作为整个系统警示用的。警示灯有五根引出线。其中，黄绿交叉线为"地线"；红色线为红色灯控制线；黄色线为橙色灯控制线；

绿色线为绿色灯控制线；黑色线为信号灯公共控制线。接线如图 3-24 所示。

3.2.3.2 装配单元的气动控制

装配单元的阀组由 6 个二位五通单电控电磁换向阀组成。这些阀分别对供料，位置变换和装配动作气路进行控制，以改变各自的动作状态。气动控制回路如图 3-25 所示。

在进行气路连接时，请注意各气缸的初始位置，其中，挡料气缸在伸出位置，手爪提升气缸在提起位置。

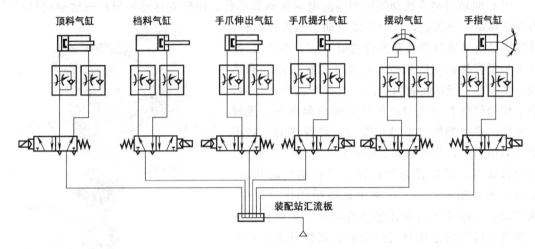

图 3-25 装配单元气动控制回路

3.2.3.3 装配单元的 PLC 控制

（1）控制要求

① 装配单元各气缸的初始位置为：挡料气缸处于伸出状态，顶料气缸处于缩回状态，料仓上已经有足够的小圆柱零件；装配机械手的升降气缸处于提升状态，伸缩气缸处于缩回状态，气爪处于松开状态。

设备上电和气源接通后，若各气缸满足初始位置要求，且料仓上已经有足够的小圆柱零件，工件装配台上没有待装配工件，则"正常工作"指示灯 HL1 常亮，表示设备准备好。否则，该指示灯以 1Hz 频率闪烁。

② 若设备准备好，按下启动按钮，装配单元启动，"设备运行"指示灯 HL2 常亮。如果回转台上的左料盘内没有小圆柱零件，就执行下料操作；如果左料盘内有零件，而右料盘内没有零件，执行回转台回转操作。

③ 如果回转台上的右料盘内有小圆柱零件且装配台上有待装配工件，执行装配机械手抓取小圆柱零件放入待装配工件中的操作。

④ 完成装配任务后，装配机械手应返回初始位置，等待下一次装配。

⑤ 若在运行过程中按下停止按钮，则供料机构应立即停止供料，在装配条件满足的情况下，装配单元在完成本次装配后停止工作。

⑥ 在运行中发生"零件不足"报警时，指示灯 HL3 以 1Hz 的频率闪烁，HL1 和 HL2 灯常亮；在运行中发生"零件没有"报警时，指示灯 HL3 以亮 1s，灭 0.5s 的方式闪烁，HL2 熄灭，HL1 常亮。

（2）PLC 的 I/O 分配及外部接线图

装配单元的 I/O 点较多，选用 S7-226AC/DC/RLY 主单元，共 24 点输入，16 点继电器输出。PLC 的 I/O 信号表如表 3-3 所示。图 3-26 是 PLC 接线原理图。

表 3-3 装配单元 PLC 的 I/O 信号表

输入信号				输出信号			
序号	PLC 输入点	信号名称	信号来源	序号	PLC 输出点	信号名称	信号来源
1	I0.0	零件不足检测		1	Q0.0	挡料电磁阀	
2	I0.1	零件有无检测		2	Q0.1	顶料电磁阀	
3	I0.2	左料盘零件检测		3	Q0.2	回转电磁阀	
4	I0.3	右料盘零件检测		4	Q0.3	手爪夹紧电磁阀	
5	I0.4	装配台工件检测		5	Q0.1	手爪下降电磁阀	
6	I0.5	顶料到位检测		6	Q0.5	手臂伸出电磁阀	
7	I0.6	顶料复位检测			Q0.6	红色警示灯	装置侧
8	I0.7	挡料状态检测	装置侧		Q0.7	橙色警示灯	
9	I1.0	落料状态检测			Q1.0	绿色警示灯	
10	I1.1	摆动气缸左限检测		7	Q1.1		
11	I1.2	摆动气缸右限检测			Q1.2		
12	I1.3	手爪夹紧检测			Q1.3		
13	I1.4	手爪下降到位检测			Q1.4		
14	I1.5	手爪上升到位检测		8	Q1.5	HL1	
15	I1.6	手臂缩回到位检测		9	Q1.6	HL2	按钮/指示灯模块
16	I1.7	手臂伸出到位检测		10	Q1.7	HL3	
17	I2.0						
18	I2.1						
19	I2.2						
20	I2.3						
21	I2.4	停止按钮					
22	I2.5	启动按钮	按钮/指示灯模块				
23	I2.6	急停按钮					
24	I2.7	单机/联机					

注：警示灯用来指示 YL-335B 整体运行时的工作状态，工作任务是装配单元单独运行，没有要求使用警示灯，可以不连接到 PLC 上。

（3）程序设计

① 进入运行状态后，装配单元的工作过程包括 2 个相互独立的子过程，一个是供料过程，另一个是装配过程。供料过程就是通过供料机构的操作，使料仓中的小圆柱零件落下到摆台左边料盘上；然后摆台转动，使装有零件的料盘转移到右边，以便装配机械手抓取零件。装配过程是当装配台上有待装配工件，且装配机械手下方有小圆柱零件时，进行装配操作。在主程序中，当初始状态检查结束，确认单元准备就绪，按下启动按钮进入运行状态后，应同时调用供料控制和装配控制两个子程序。如图 3-27 所示。

② 供料控制过程包含两个互相联锁的过程，即落料过程和摆台转动、料盘转移的过程。在小圆柱零件从料仓下落到左料盘的过程中，禁止摆台转动；反之，在摆台转动过程中，禁止打开料仓（挡料气缸缩回）落料。

实现联锁的方法是：

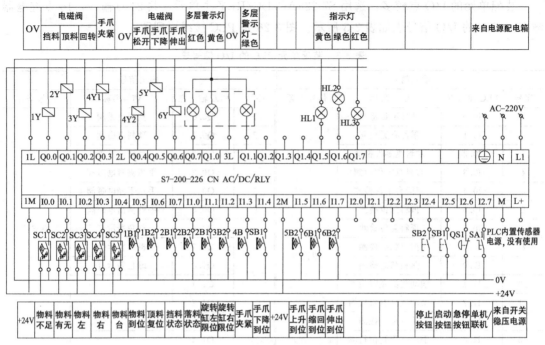

图 3-26　装配单元 PLC 接线原理

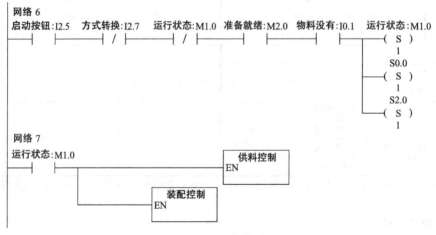

图 3-27　主程序梯形图

• 当摆台的左限位或右限位磁性开关动作并且左料盘没有料，经定时确认后，开始落料过程；

• 当挡料气缸伸出到位使料仓关闭、左料盘有物料而右料盘为空，经定时确认后，开始摆台转动，直到达到限位位置。图 3-28 给出了摆动气缸转动操作的梯形图。

③ 供料过程的落料控制和装配控制过程都是单序列步进顺序控制，具体编程步骤这里不再叙述。

④ 停止运行有两种情况：一是在运行中按下停止按钮，停止指令被置位；另一种情况是当料仓中最后一个零件落下时，检测物料有无的传感器动作（I0.1 OFF），将发出缺料报警。

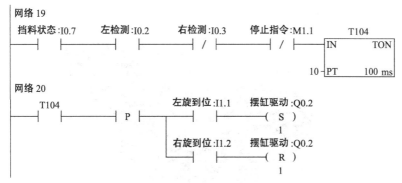

图 3-28 摆动气缸转动操作的梯形图

对于供料过程的落料控制,上述两种情况均应在料仓关闭,顶料气缸复位到位即返回到初始步后停止下次落料,并复位落料初始步。但对于摆台转动控制,一旦停止指令发出,则应立即停止摆台转动。

对于装配控制,上述两种情况也应在一次装配完成,装配机械手返回到初始位置后停止。仅当落料机构和装配机械手均返回到初始位置,才能复位运行状态标志和停止指令。停止运行的操作应在主程序中编制,其梯形图如图 3-29 所示。

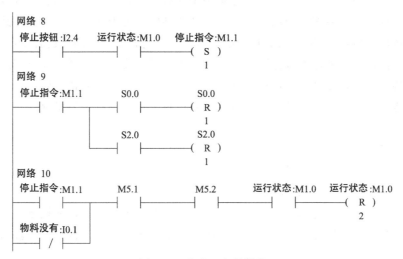

图 3-29 停止运行的操作

3.2.4 分拣单元的控制

3.2.4.1 分拣单元的结构和工作过程

分拣单元是 YL-335B 中的最末单元,完成对上一单元送来的已加工完成、装配好的工件进行分拣,使不同颜色的工件从不同的料槽分流的功能。当输送站送来工件放到传送带上并为入料口光电传感器检测到时,即启动变频器,工件开始送入分拣区进行分拣。分拣单元主要结构组成为:传送和分拣机构,传动带驱动机构,变频器模块,电磁阀组,接线端口,PLC 模块,按钮/指示灯模块及底板等。其中,机械部分的装配总成如图 3-30 所示。

(1)传送和分拣机构

传送和分拣机构主要由传送带、出料滑槽、推料(分拣)气缸、漫射式光电传感器、光纤传感器、磁感应接近式传感器组成,传送已经加工、装配好的工件,由光纤传感器检测到

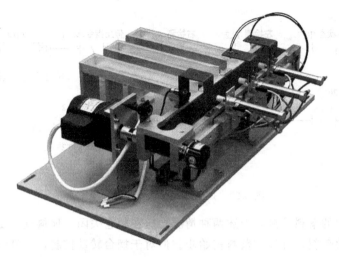

图 3-30　分拣单元的机械结构总成

并进行分拣。

传送带是把机械手输送过来的加工好的工件进行传输，输送至分拣区。导向器是用来纠偏机械手输送过来的工件。两条物料槽分别用于存放加工好的黑色、白色工件或金属工件。

传送和分拣的工作原理：当输送站送来工件放到传送带上并为入料口漫射式光电传感器检测到时，将信号传输给 PLC，通过 PLC 的程序启动变频器，电动机运转驱动传送带工作，把工件带进分拣区。如果进入分拣区的工件为白色，则检测白色物料的光纤传感器动作，作为 1 号槽推料气缸启动信号，将白色料推到 1 号槽里；如果进入分拣区的工件为黑色，检测黑色的光纤传感器作为 2 号槽推料气缸启动信号，将黑色料推到 2 号槽里。自动生产线的加工结束。

（2）传动带驱动机构

传动带驱动机构如图 3-31 所示。采用的三相减速电动机，用于拖动传送带输送物料。它主要由电动机支架、电动机、联轴器等组成。

三相电动机是传动机构的主要部分，电动机转速的快慢由变频器来控制，其作用是拖动传送带输送物料。电动机支架用于固定电动机。联轴器用于把电动机的轴和输送带主动轮的

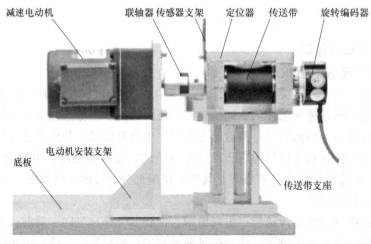

图 3-31　传动机构

轴连接起来，从而组成一个传动机构。

3.2.4.2　分拣单元的气动控制

分拣单元的电磁阀组使用了三个由二位五通的带手控开关的单电控电磁阀，它们安装在汇流板上。这三个阀分别对金属、白料和黑料推动气缸的气路进行控制，以改变各自的动作状态。

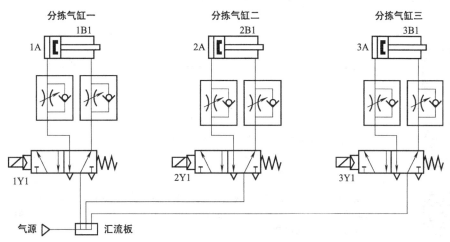

图 3-32　分拣单元气动控制回路工作原理图

本单元气动控制回路的工作原理如图 3-32 所示。图中 1A、2A 和 3A 分别为分拣气缸一、分拣气缸二和分拣气缸三。1B1、2B1 和 3B1 分别为安装在各分拣气缸的前极限工作位置的磁感应接近开关。1Y1、2Y1 和 3Y1 分别为控制 3 个分拣气缸电磁阀的电磁控制端。

3.2.4.3　分拣单元的 PLC 控制

3.2.4.3.1　西门子 MM420 变频器简介

西门子 MM420（MICROMASTER420）是用于控制三相交流电动机速度的变频器系列。该系列有多种型号，YL-335B 选用的 MM420 订货号为 6SE6420-2UD17-5AA1，外形如图 3-33 所示。该变频器额定参数如下。

- 电源电压：380～480V，三相交流。
- 额定输出功率：0.75kW。
- 额定输入电流：2.4A。
- 额定输出电流：2.1A。

图 3-33　变频器外形

图 3-34　BOP 操作面板

- 外形尺寸：A 型。
- 操作面板：基本操作板（BOP）。

（1）MM420 变频器的 BOP 操作面板　图 3-34 是基本操作面板（BOP）的外形。利用 BOP 可以改变变频器的各个参数。BOP 具有 7 段显示的五位数字，可以显示参数的序号和数值、报警和故障信息，以及设定值和实际值。参数的信息不能用 BOP 存储。

基本操作面板（BOP）备有 8 个按钮，表 3-4 列出了这些按钮的功能。

表 3-4　基本操作面板（BOP）上的按钮及其功能

显示/按钮	功能	功能说明
r0000	状态显示	LCD显示变频器当前的设定值
❘	启动变频器	按此键启动变频器。缺省值运行时此键是被封锁的。为了使此键的操作有效，应设定 P0700＝1
0	停止变频器	OFF1：按此键，变频器将按选定的斜坡下降速率减速停车，缺省值运行时此键被封锁；为了允许此键操作，应设定 P0700＝1 OFF2：按此键两次（或一次，但时间较长）电动机将在惯性作用下自由停车，此功能总是"使能"的
↻	改变电动机的转动方向	按此键可以改变电动机的转动方向。电动机的反向用负号（－）表示或用闪烁的小数点表示。缺省值运行时此键是被封锁的，为了使此键的操作有效，应设定 P0700＝1
jog	电动机点动	在变频器无输出的情况下按此键，将使电动机启动，并按预设定的点动频率运行。释放此键时，变频器停车。如果电动机正在运行，按此键将不起作用
Fn	功能	此键用于浏览辅助信息。 变频器运行过程中，在显示任何一个参数时按下此键并保持2s不动，将显示以下参数值（在变频器运行中，从任何一个参数开始）： ①直流回路电压（用 d 表示，单位为 V）； ②输出电流（A）； ③输出频率（Hz）； ④输出电压（用 o 表示，单位为 V）； ⑤由 P0005 选定的数值［如果 P0005 选择显示上述参数中的任何一个（3,4 或 5），这里将不再显示］。 连续多次按下此键，将轮流显示以上参数。 跳转功能： 在显示任何一个参数（r××××或 P××××）时短时间按下此键，将立即跳转到 r0000，如果需要的话，可以接着修改其他的参数。跳转到 r0000 后，按此键将返回原来的显示点。 故障确认： 在出现故障或报警的情况下，按下此键可以对故障或报警进行确认
P	访问参数	按此键即可访问参数
▲	增加数值	按此键即可增加面板上显示的参数数值

续表

显示/按钮	功　能	功　能　说　明
 ▼	减少数值	按此键即可减少面板上显示的参数数值

（2）MM420 变频器的参数

① 参数号和参数名称　参数号是指该参数的编号。参数号用 0000～9999 的 4 位数字表示。在参数号的前面冠以一个小写字母"r"时，表示该参数是"只读"的参数。其他所有参数号的前面都冠以一个大写字母"P"。这些参数的设定值可以直接在标题栏的"最小值"和"最大值"范围内进行修改。[下标]表示该参数是一个带下标的参数，并且指定了下标的有效序号。通过下标，可以对同一参数的用途进行扩展，或对不同的控制对象，自动改变所显示的或所设定的参数。

② 参数设置方法　用 BOP 可以修改和设定系统参数，使变频器具有期望的特性，例如，斜坡时间，最小和最大频率等。选择的参数号和设定的参数值在五位数字的 LCD 上显示。更改参数的数值的步骤可大致归纳为：

• 查找所选定的参数号；

• 进入参数值访问级，修改参数值；

• 确认并存储修改好的参数值。

表 3-5 说明如何改变参数 P0004 的数值。按照图中说明的类似方法，可以用"BOP"设定常用的参数。参数 P0004（参数过滤器）的作用是根据所选定的一组功能，对参数进行过滤（或筛选），并集中对过滤出的一组参数进行访问，从而可以更方便地进行调试。P0004可能的设定值如表 3-6 所示，缺省的设定值为 0。

表 3-5　改变参数 P0004 设定数值的步骤

	操　作　步　骤	显示的结果
1	按  P 访问参数	r0000
2	按  ▲ 直到显示出 P0004	P0004
3	按  P 进入参数数值访问级	0
4	按  ▲ 或  ▼ 达到所需要的数值	3
5	按  P 确认并存储参数的数值	P0004
6	按  ▼ 直到显示出 r0000	r0000
7	按  P 返回标准的变频器显示（由用户定义）	

表 3-6 参数 P0004 的设定值

设定值	所指定参数组意义	设定值	所指定参数组意义
0	全部参数	12	驱动装置的特征
2	变频器参数	13	电动机的控制
3	电动机参数	20	通信
7	命令,二进制 I/O	21	报警/警告/监控
8	模/数转换和数/模转换	22	工艺参量控制器(例如 PID)
10	设定值通道/RFG(斜坡函数发生器)		

(3) MM420 变频器的参数访问

MM420 变频器有数千个参数,为了能快速访问指定的参数,MM420 采用把参数分类,屏蔽(过滤)不需要访问的类别的方法实现。实现这种过滤功能的有如下几个参数。

① 参数 P0004 是实现这种参数过滤功能的重要参数。当完成了 P0004 的设定以后再进行参数查找时,在 LCD 上只能看到 P0004 设定值所指定类别的参数。

② 参数 P0010 是调试参数过滤器,对与调试相关的参数进行过滤,只筛选出那些与特定功能组有关的参数。P0010 的可能设定值为 0(准备)、1(快速调试)、2(变频器)、29(下载)、30(工厂的缺省设定值);缺省设定值为 0。

③ 参数 P0003 用于定义用户访问参数组的等级,设置范围为 1~4。

- "1" 标准级:可以访问最经常使用的参数。
- "2" 扩展级:允许扩展访问参数的范围,例如变频器的 I/O 功能。
- "3" 专家级:只供专家使用。
- "4" 维修级:只供授权的维修人员使用——具有密码保护。

该参数缺省设置为等级 1(标准级),对于大多数简单的应用对象,采用标准级就可以满足要求了。用户可以修改设置值,但建议不要设置为等级 4(维修级),用 BOP 或 AOP 操作板看不到第 4 级的参数。

【例 3-1】 用 BOP 进行变频器的"快速调试"。

快速调试包括电动机参数和斜坡函数的参数设定。并且,电动机参数的修改,仅当快速调试时有效。在进行"快速调试"以前,必须完成变频器的机械和电气安装。当选择 P0010=1 时,进行快速调试。表 3-7 是对应 YL-335B 上选用的电动机的参数设置表。

表 3-7 设置电动机参数表

序号	变频器参数	出厂值	设定值	功 能 说 明
1	P0003	1	1	设用户访问级为标准级
2	P0010	0	1	快速调试
3	P0100	0	0	设置使用地区,0=欧洲,功率以 kW 表示,频率为 50Hz
4	P0304	400	380	电动机额定电压(V)
5	P0305	1.90	0.18	电动机额定电流(A)
6	P0307	0.75	0.03	电动机额定功率(kW)
7	P0310	50	50	电动机额定频率(Hz)
8	P0311	1395	1300	电动机额定转速(r/min)

快速调试的进行与参数 P3900 的设定有关,当其被设定为 1 时,快速调试结束后,要完成必要的电动机计算,并使其他所有的参数(P0010=1 不包括在内)复位为工厂的缺省设置。当 P3900=1 并完成快速调试后,变频器已做好了运行准备。

【例 3-2】　将变频器复位为工厂的缺省设定值。

如果用户在参数调试过程中遇到问题，并且希望重新开始调试，通常采用首先把变频器的全部参数复位为工厂的缺省设定值再重新调试的方法。为此，应按照下面的数值设定参数：设定 P0010＝30，设定 P0970＝1。按下 P 键，便开始参数的复位。变频器将自动地把它的所有参数都复位为它们各自的缺省设置值。复位为工厂缺省设置值的时间大约要 60s。

3.2.4.3.2　控制要求

① 设备的工作目标是完成对白色芯金属工件、白色芯塑料工件和黑色芯的金属或塑料工件进行分拣。为了在分拣时准确推出工件，要求使用旋转编码器作定位检测。并且工件材料和芯体颜色属性应在推料气缸前的适应位置被检测出来。

② 设备上电和气源接通后，若工作单元的三个气缸均处于缩回位置，则"正常工作"指示灯 HL1 常亮，表示设备准备好。否则，该指示灯以 1Hz 频率闪烁。

③ 若设备准备好，按下启动按钮，系统启动，"设备运行"指示灯 HL2 常亮。当传送带入料口人工放下已装配的工件时，变频器即启动，驱动传动电动机以频率为 30Hz 的固定速度，把工件带往分拣区。

如果工件为白色芯金属件，则该工件对到达 1 号滑槽中间，传送带停止，工件被推到 1 号槽中；如果工件为白色芯塑料，则该工件到达 2 号滑槽中间，传送带停止，工件被推到 2 号槽中；如果工件为黑色芯，则该工件到达 3 号滑槽中间，传送带停止，工件被推到 3 号槽中。工件被推出滑槽后，该工作单元的一个工作周期结束。仅当工件被推出滑槽后，才能再次向传送带下料。如果在运行期间按下停止按钮，该工作单元在本工作周期结束后停止运行。

3.2.4.3.3　PLC 的 I/O 分配及外部接线图

分拣单元 PLC 选用 S7-224 XP AC/DC/RLY 主单元，共 14 点输入和 10 点继电器输出如表 3-8 所示。选用 S7-224 XP 主单元的原因是，当变频器的频率设定值由 HMI 指定时，该频率设定值是一个随机数，需要由 PLC 通过 D/A 转换方式向变频器输入模拟量的频率指令，以实现电动机速度连续调整。S7-224 XP 主单元集成有 2 路模拟量输入，1 路模拟量输出，有 2 个 RS-485 通信口，可满足 D/A 转换的编程要求。

表 3-8　分拣单元 PLC 的 I/O 信号表

输入信号				输出信号			
序号	PLC输入点	信号名称	信号来源	序号	PLC输出点	信号名称	信号来源
1	I0.0	旋转编码器 B 相		1	Q0.0	电动机启动	变频器
2	I0.1	旋转编码器 A 相		2	Q0.1		
3	I0.2	光纤传感器 1		3	Q0.2		
4	I0.3	光纤传感器 2		4	Q0.3		
5	I0.4	进料口工件检测	装置侧	5	Q0.1		
6	I0.5	电感式传感器		6	Q0.5		
7	I0.6			7	Q0.6		
8	I0.7	推杆 1 推出到位		8	Q0.7	HL1	
9	I1.0	推杆 2 推出到位		9	Q1.0	HL2	按钮/指示灯模块
10	I1.1	推杆 3 推出到位		10	Q1.1	HL₃	
11	I1.2	启动按钮	按钮/指示灯模块				
12	I1.3	停止按钮					
13	I1.4						
14	I1.5	单站/全线					

本项目工作任务仅要求以 30Hz 的固定频率驱动电动机运转，只需用固定频率方式控制变频器即可。本例中，选用 MM420 的端子"5"（DIN1）作电动机启动和频率的控制，PLC 的 I/O 接线原理图如图 3-35 所示。

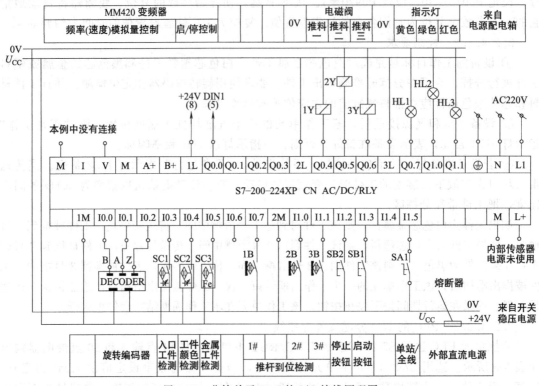

图 3-35　分拣单元 PLC 的 I/O 接线原理图

为了实现固定频率输出，变频器的参数设置如下。

① 命令源 P0700＝2（外部 I/O），选择频率设定的信号源参数 P1000＝3（固定频率）。

② DIN1 功能参数 P0701＝16（直接选择＋ON 命令），P1001＝30Hz。

③ 斜坡上升时间参数 P1120 设定为 1s，斜坡下降时间参数 P1121 设定为 0.2s。

注：由于驱动电动机功率很小，此参数设定不会引起变频器过电压跳闸

3.2.4.3.4　程序设计

① 分拣单元的主要工作过程是分拣控制，可编写一个子程序供主程序调用，工作状态显示的要求比较简单，可直接在主程序中编写。

② 主程序的流程与前面所述的供料、加工等单元是类似的。但由于用高速计数器编程，必须在上电第 1 个扫描周期调用 HSC＿INIT 子程序，以定义并使能高速计数器。

③ 分拣控制子程序也是一个步进顺控程序，编程思路如下。

•当检测到待分拣工件下料到进料口后，清零 HC0 当前值，以固定频率启动变频器驱动电动机运转。梯形图如图 3-36 所示。

•当工件经过安装传感器支架上的光纤探头和电感式传感器时，根据 2 个传感器动作与否，判别工件的属性，决定程序的流向。HC0 当前值与传感器位置值的比较可采用触点比较指令实现。完成上述功能的梯形图如图 3-37 所示。

•根据工件属性和分拣任务要求，在相应的推料气缸位置把工件推出。推料气缸返回后，步进顺控子程序返回初始步。

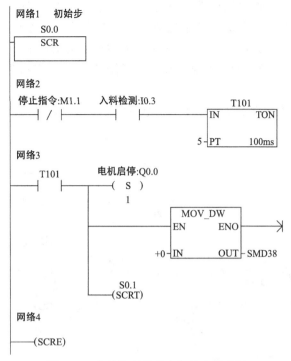

图 3-36　分拣控制子程序初始步梯形图

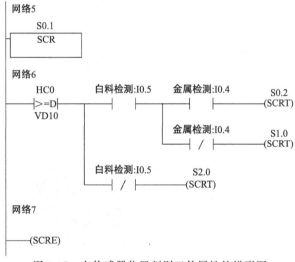

图 3-37　在传感器位置判别工件属性的梯形图

3.2.5　输送单元的控制

（1）输送单元的结构与工作过程

输送单元工艺功能是：驱动抓取机械手装置精确定位到指定单元的物料台，在物料台上抓取工件，把抓取到的工件输送到指定地点然后放下的功能。YL-335B出厂配置时，输送单元在网络系统中担任着主站的角色，它接收来自触摸屏的系统主令信号，读取网络上各从站的状态信息，加以综合后，向各从站发送控制要求，协调整个系统的工作。输送单元由抓取机械手装置、直线运动传动组件、拖链装置、PLC模块和接线端口以及按钮/指示灯模块等部件组成。图3-38是安装在工作台面上的输送单元装置侧部分。

① 抓取机械手装置 抓取机械手装置是一个能实现三自由度运动（即升降、伸缩、气动手指夹紧/松开和沿垂直轴旋转的四维运动）的工作单元，该装置整体安装在直线运动传动组件的滑动溜板上，在传动组件带动下整体作直线往复运动，定位到其他各工作单元的物料台，然后完成抓取和放下工件的功能。图 3-39 所示是该装置实物图。

其具体构成如下。

• 气动手爪 用于在各个工作站物料台上抓取/放下工件。由一个二位五通双向电控阀控制。

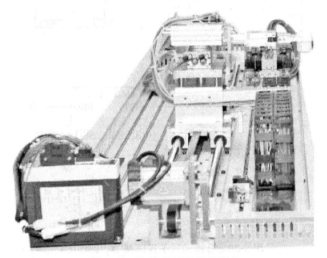

图 3-38 输送单元装置侧部分

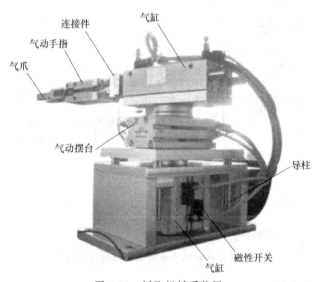

图 3-39 抓取机械手装置

• 伸缩气缸 用于驱动手臂伸出缩回。由一个二位五通单向电控阀控制。
• 回转气缸 用于驱动手臂正反向 90°旋转，由一个二位五通单向电控阀控制。
• 提升气缸 用于驱动整个机械手提升与下降。由一个二位五通单向电控阀控制。

② 直线运动传动组件 直线运动传动组件用以拖动抓取机械手装置作往复直线运动，完成精确定位的功能，如图 3-40 所示。

（2）输送单元的气动控制

输送单元的抓取机械手装置上的所有气缸连接的气管沿拖链敷设，插接到电磁阀组上，

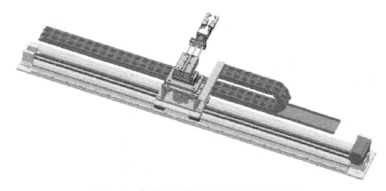

图 3-40　直线运动传动组件和抓取机械手

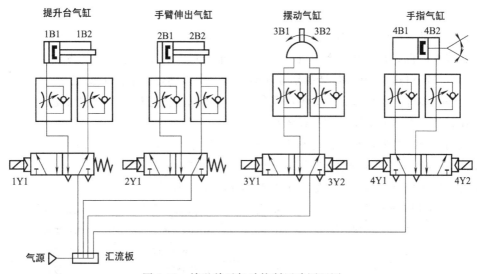

图 3-41　输送单元气动控制回路原理图

其气动控制回路如图 3-41 所示。

（3）输送单元的 PLC 控制

输送单元的步进电机及其驱动器　输送单元所选用的步进电动机是 Kinco 三相步进电动机 3S57Q-04056，与之配套的驱动器为 Kinco 3M458 三相步进电动机驱动器。

3S57Q-04056 部分技术参数如表 3-9 所示。

表 3-9　三相步进电动机 3S57Q-04056 技术参数

参数名称	步距角	相电流/A	保持扭矩/(N·m)	阻尼扭矩/(N·m)	电动机惯量/(kg·cm²)
参数值	1.8°	5.8	1.0	0.04	0.3

3S57Q-04056 的三个绕组必须连接成三角形，接线如图 3-42 所示。

Kinco 3M458 三相步进电动机驱动器主要电气参数如下。

- 供电电压：直流 24～40V。
- 输出相电流：3.0～5.8A。
- 控制信号输入电流：6～20mA。
- 冷却方式：自然风冷。

该驱动器具有如下特点。

- 采用交流伺服驱动原理，具备交流伺服运转特性，三相正弦电流输出。

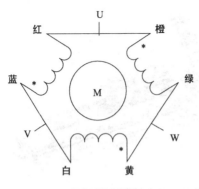

线色	电动机信号
红色	U
橙色	
蓝色	V
白色	
黄色	W
绿色	

三相电动机六引线

图 3-42　3S57Q-04056 的接线

- 内部驱动直流电压达 40V，能提供更好的高速性能。
- 具有电动机静态锁紧状态下的自动半流功能，可大大降低电动机的发热。
- 具有最高可达 10000 步/转的细分功能，细分可以通过拨动开关设定。
- 几乎无步进电动机常见的共振和爬行区，输出相电流通过拨动开关设定。
- 控制信号的输入电路采用光耦隔离。
- 采用正弦的电流驱动，使电动机的空载起跳频率达 5kHz（1000 步/转）左右。

在 3M458 驱动器的侧面连接端子中间有一个红色的 8 位 DIP 功能设定开关，可以用来设定驱动器的工作方式和工作参数。图 3-43 所示是该 DIP 开关功能说明。

DIP开关的正视图

开关序号	ON功能	OFF功能
DIP1~DIP3	细分设置用	细分设置用
DIP4	静态电流全流	静态电流半流
DIP5~DIP8	电流设置用	电流设置用

细分设定表如下:

DIP1	DIP2	DIP3	细分
ON	ON	ON	400步/转
ON	ON	OFF	500步/转
ON	OFF	ON	600步/转
ON	OFF	OFF	1000步/转
OFF	ON	ON	2000步/转
OFF	ON	OFF	4000步/转
OFF	OFF	ON	5000步/转
OFF	OFF	OFF	10000步/转

输出相电流设定表如下:

DIP5	DIP6	DIP7	DIP8	输出电流
OFF	OFF	OFF	OFF	3.0A
OFF	OFF	OFF	ON	4.0A
OFF	OFF	ON	ON	4.6A
OFF	ON	ON	ON	5.2A
ON	ON	ON	ON	5.8A

图 3-43　3M458 DIP 开关功能说明

驱动器的典型接线如图 3-44 所示。YL-335A 中，控制信号输入端使用的是 DC24V 电压，限流电阻 R_1 为 2kΩ。此外，FREE 端也没有使用。

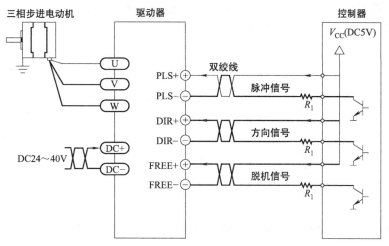

图 3-44 3M458 的典型接线图

YL-335A 为 3M458 驱动器提供的外部直流电源为 DC24V、6A 的开关稳压电源，直流电源和驱动器一起安装在模块盒中，驱动器的引出线均通过安全插孔与其他设备连接。图 3-45 所示是 3M458 步进电动机驱动器模块的面板图。

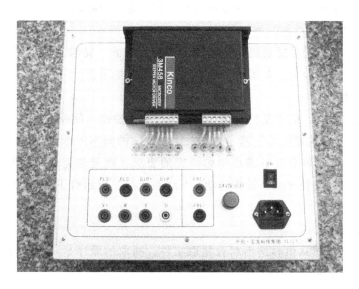

图 3-45 3M458 步进电动机驱动器模块的面板

（4）步进电动机传动组件的基本技术数据

3S57Q-04056 步进电动机步距角为 1.8°，即在无细分的条件下 200 个脉冲使电动机转一圈（通过驱动器设置细分精度最高可以达到 10000 个脉冲使电动机转一圈）。

步进电动机传动组件采用同步轮和同步带传动。同步轮齿距为 5mm，共 11 个齿，即旋转一周机械手装置位移 55mm。

YL335-A 系统中为达到控制精度，驱动器细分设置为 10000 步/转（每步机械手位移 0.0055mm），电动机驱动电流设为 5.2A。

使用步进电动机应注意的问题如下。

控制步进电动机运行时，应注意考虑防止步进电动机在运行中失步的问题。

步进电动机失步包括丢步和越步。丢步时，转子前进的步数小于脉冲数，越步时，转子前进的步数多于脉冲数。丢步严重时，将使转子停留在一个位置上或围绕一个位置振动；越步严重时，设备将发生过冲。

使机械手返回原点的操作常常会出现越步情况。当机械手装置回到原点时，原点开关动作，使指令输入 OFF。但如果到达原点前速度过高，惯性转矩将大于步进电动机的保持转矩而使步进电动机越步。因此，回原点的操作应确保足够低速为宜；当步进电动机驱动机械手装配高速运行时紧急停止，出现越步情况不可避免，因此急停复位后应采取先低速返回原点重新校准，再恢复原有操作的方法（注：所谓保持扭矩是指电动机各相绕组通额定电流，且处于静态锁定状态时，电动机所能输出的最大转矩，它是步进电动机最主要参数之一）。

由于电动机绕组本身是感性负载，输入频率越高，励磁电流就越小。频率高，磁通量变化加剧，涡流损失加大。因此，输入频率增高，输出力矩降低。最高工作频率的输出力矩只能达到低频转矩的 $40\% \sim 50\%$。进行高速定位控制时，如果指定频率过高，会出现丢步现象。

此外，如果机械部件调整不当，会使机械负载增大。步进电动机不能过负载运行，哪怕是瞬间，都会造成失步，严重时出现停转或不规则原地反复振动。

3.2.5.1 控制要求

输送单元单站运行的目标是测试设备传送工件的功能。要求其他各工作单元已经就位，并且在供料单元的出料台上放置了工件。具体测试要求如下。

（1）开始测试

输送单元在通电后，按下复位按钮 SB1，执行复位操作，使抓取机械手装置回到原点位置。在复位过程中，"正常工作"指示灯 HL1 以 1Hz 的频率闪烁。当抓取机械手装置回到原点位置，且输送单元各个气缸满足初始位置的要求，则复位完成，"正常工作"指示灯 HL1 常亮。按下启动按钮 SB2，设备启动，"设备运行"指示灯 HL2 也常亮，开始功能测试过程。

（2）正常功能测试

① 抓取机械手装置从供料站出料台抓取工件，抓取的顺序是：手臂伸出→手爪夹紧抓取工件→提升台上升→手臂缩回。

② 抓取动作完成后，步进电动机驱动机械手装置向加工站移动，移动速度不小于 300mm/s。

③ 机械手装置移动到加工站物料台的正前方后，把工件放到加工站物料台上。抓取机械手装置在加工站放下工件的顺序是：手臂伸出→提升台下降→手爪松开放下工件→手臂缩回。

④ 放下工件动作完成 2s 后，抓取机械手装置执行抓取加工站工件的操作。抓取的顺序与供料站抓取工件的顺序相同。

⑤ 抓取动作完成后，步进电动机驱动机械手装置移动到装配站物料台的正前方，然后

把工件放到装配站物料台上。其动作顺序与加工站放下工件的顺序相同。

⑥ 放下工件动作完成 2s 后，抓取机械手装置执行抓取装配站工件的操作。抓取的顺序与供料站抓取工件的顺序相同。

⑦ 机械手手臂缩回后，摆台逆时针旋转 90°，步进电动机驱动机械手装置从装配站向分拣站运送工件，到达分拣站传送带上方入料口后把工件放下，动作顺序与加工站放下工件的顺序相同。

⑧ 放下工件动作完成后，机械手手臂缩回，然后执行返回原点的操作。步进电动机驱动机械手装置以 400mm/s 的速度返回，返回 900mm 后，摆台顺时针旋转 90°，然后以 100mm/s 的速度低速返回原点停止。

当抓取机械手装置返回原点后，一个测试周期结束。当供料单元的出料台上放置了工件时，再按一次启动按钮 SB2，开始新一轮的测试。

（3）非正常运行的功能测试

若在工作过程中按下急停按钮 QS，则系统立即停止运行。在急停复位后，应从急停前的断点开始继续运行。但是若急停按钮按下时，输送站机械手装置正在向某一目标点移动，则急停复位后输送站机械手装置应首先返回原点位置，然后再向原目标点运动。在急停状态，绿色指示灯 HL2 以 1Hz 的频率闪烁，直到急停复位后恢复正常运行时，HL2 恢复常亮。

输送单元所需的 I/O 点较多。其中，输入信号包括来自按钮/指示灯模块的按钮、开关等主令信号，单元各构件的传感器信号等；输出信号包括输出到抓取机械手装置各电磁阀的控制信号和输出到步进电动机驱动器的脉冲信号和驱动方向信号；此外，尚须考虑在需要时

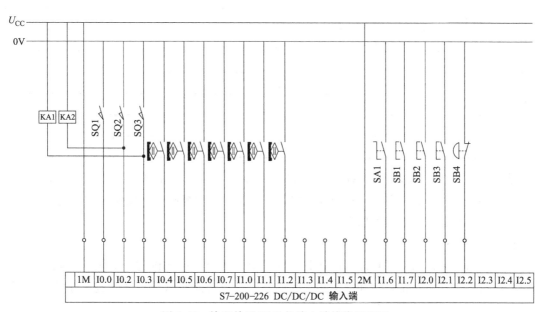

图 3-46　输送单元 PLC 的输入端接线原理图

输出信号到按钮/指示灯模块的指示灯、蜂鸣器等，以显示本单元或系统的工作状态。

由于需要输出驱动步进电动机的高速脉冲，PLC 应采用晶体管输出型。

基于上述考虑，选用西门子 S7-226AC/DC/DC 型 PLC，共 24 点输入，16 点晶体管输出。I/O 信号表如表 3-10 所示。

表 3-10　输送单元 PLC 的 I/O 信号表

输 入 信 号				输 出 信 号			
序号	PLC 输入点	信号名称	信号来源	序号	PLC 输出点	信号名称	信号来源
1	I0.0	原点传感器检测		1	Q0.0	脉冲	
2	I0.1			2	Q0.1		
3	I0.2	右限位保护		3	Q0.2	方向	
4	I0.3	左限位保护		4	Q0.3	抬升台上升电磁阀	
5	I0.4	机械手抬升下限检测		5	Q0.4	回转气缸左旋电磁阀	装置侧
6	I0.5	机械手抬升上限检测	装置侧	6	Q0.5	手爪伸出电磁阀	
7	I0.6	机械手旋转左限检测		7	Q0.6	手爪夹紧电磁阀	
8	I0.7	机械手旋转右限检测			Q0.7	手爪放松电磁阀	
9	I1.0	机械手伸出检测			Q1.0		
10	I1.1	机械手缩回检测			Q1.1		
11	I1.2	机械手夹紧检测			Q1.2		
12	I1.3				Q1.3		
13	I1.4				Q1.4		
14	I1.5			8	Q1.5		
15	I1.6	方式选择		9	Q1.6		
16	I1.7	复位按钮		10	Q1.7		
17	I2.0	启动按钮	按钮/指示灯模块				
18	I2.1	停止按钮					
19	I2.2	急停按钮					
20	I2.3						
21	I2.4						
22	I2.5						
23	I2.6						
24	I2.7						

输送单元 PLC 的输入端和输出端接线原理图分别如图 3-46 和图 3-47 所示。在接线图中输入端连接了一些开关和按钮，输出端连接了一些指示灯和蜂鸣器，仅仅是作为例子，实际接线时应按工作任务的需要加以考虑。

3.2.5.2　程序设计

从前面所述的传送工件功能测试任务可以看出，整个功能测试过程应包括上电后复位、传送功能测试、紧急停止处理和状态指示等部分，传送功能测试是一个步进顺序控制过程。在子程序中可采用步进指令驱动实现。

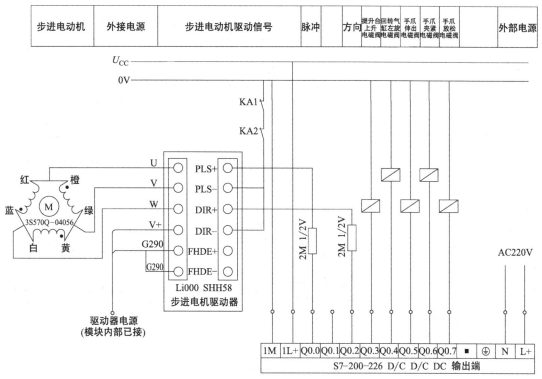

步进电动机	外接电源	步进电动机驱动信号	脉冲	方向	提升台 上升 电磁阀	回转气 缸左旋 电磁阀	手爪 伸出 电磁阀	手爪 夹紧 电磁阀	手爪 放松 电磁阀	外部电源

图 3-47　输送单元 PLC 的输出端接线原理图

　　紧急停止处理过程也要编写一个子程序单独处理。这是因为，当抓取机械手装置正在向某一目标点移动时按下急停按钮，PTOx_CTRL 子程序的 D_STOP 输入端变成高位，停止启用 PTO，PTOx_RUN 子程序使能位 OFF 而终止，使抓取机械手装置停止运动。急停复位后，原来运行的包络已经终止，为了使机械手继续往目标点移动，可让它首先返回原点，然后运行从原点到原目标点的包络。这样当急停复位后，程序不能马上回到原来的顺控过程，而是要经过使机械手装置返回原点的一个过渡过程。

　　输送单元程序控制的关键点是步进电动机的定位控制，在编写程序时，应预先规划好各段的包络，然后借助位置控制向导组态 PTO 输出。表 3-11 的步进电动机运行的运动包络数据，是按工作任务的要求和各工作单元的位置确定的。

表 3-11　步进电动机运行的运动包络

运动包络	站点		脉冲量	移动方向
1	供料站→加工站	470mm	85600	
2	加工站→装配站	286mm	52000	
3	装配站→分解站	235mm	42700	
4	分拣站→高速回零前	925mm	168000	DIR
5	低速回零		单速返回	DIR

　　当运动包络编写完成后，位置控制向导会要求为运动包络指定 V 存储区地址，V 存储区地址的起始地址指定为 VB524。

　　综上所述，主程序应包括上电初始化、复位过程（子程序）、准备就绪后投入运行等阶段。主程序梯形图如图 3-48 所示。

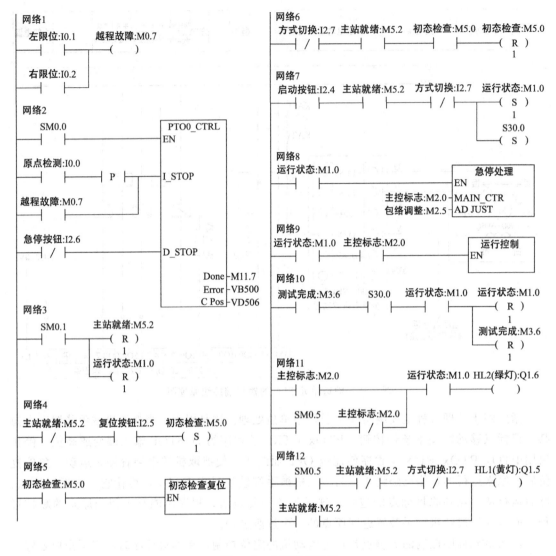

图 3-48 主程序梯形图

（1）初态检查复位子程序和回原点子程序

系统上电且按下复位按钮后，就调用初态检查复位子程序，进入初始状态检查和复位操作阶段，目标是确定系统是否准备就绪，若未准备就绪，则系统不能启动进入运行状态。

该子程序的内容是检查各气动执行元件是否处在初始位置，抓取机械手装置是否在原点位置，否则进行相应的复位操作，直至准备就绪。子程序中，除调用回原点子程序外，主要是完成简单的逻辑运算，这里不再详述。

抓取机械手装置返回原点的操作，在输送单元的整个工作过程中，都会频繁地进行。因此编写一个子程序供需要时调用是必要的。回原点子程序是一个带形式参数的子程序，在其局部变量表中定义了一个 BOOL 输入参数 START，当使能输入（EN）和 START 输入为 ON 时，启动子程序调用，如图 3-49（a）所示。子程序的梯形图则如图 3-49（b）所示，当 START（即局部变量 L0.0）为 ON 时，置位 PLC 的方向控制输出 Q0.0，并且这一操作放在 PTO0_RUN 指令之后，这就确保了方向控制输出的下一个扫描周期才开始脉冲输出。

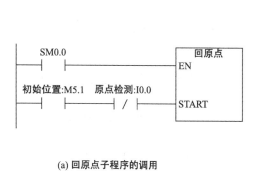

(a) 回原点子程序的调用

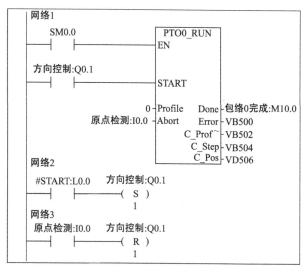

(b) 回原点子程序梯形图

图 3-49　回原点子程序

　　带形式参数的子程序是西门子系列 PLC 的优异功能之一，输送单元程序中好几个子程序均使用了这种编程方法。关于带参数调用子程序的详细介绍，请参阅 S7-200 可编程控制器系统手册。

　　（2）急停处理子程序

　　当系统进入运行状态后，在每一扫描周期都调用急停处理子程序。该子程序也带形式参数，在其局部变量表中定义了两个 BOOL 型的输入/输出参数，ADJUST 和 MAIN_CTR。参数 MAIN_CTR 传递给全局变量主控标志 M2.0，并由 M2.0 当前状态维持，此变量的状态决定了系统在运行状态下能否执行正常的传送功能测试过程。参数 ADJUST 传递给全局变量包络调整标志 M2.5，并由 M2.5 当前状态维持，此变量的状态决定了系统在移动机械手的工序中，是否需要调整运动包络号。急停处理子程序梯形图如图 3-50 所示，说明如下。

　　① 当急停按钮被按下时，MAIN_CTR 置 0，M2.0 置 0，传送功能测试过程停止。

　　② 若急停前抓取机械手正在前进中（从供料往加工，或从加工往装配，或从装配往分拣），则当急停复位的上升沿到来时，需要启动使机械手低速回原点过程。到达原点后，置位 ADJUST 输出，传递给包络调整标志 M2.5，以便在传送功能测试过程重新运行后，给处于前进工步的过程调整包络用，例如，对于从加工到装配的过程，急停复位重新运行后，将执行从原点（供料单元处）到装配的包络。

　　③ 若急停前抓取机械手正在高速返回中，则当急停复位的上升沿到来时，使高速返回步复位，转到下一步即摆台右转和低速返回。

　　（3）传送功能测试子程序的结构

　　传送功能测试过程是一个单序列的步进顺序控制。在运行状态下，若主控标志 M2.0 为 ON，则调用该子程序。步进过程的流程说明如图 3-51 所示。

　　下面以机械手在加工台放下工件开始到机械手移动到装配单元为止的过程为例说明编程思路。梯形图如图 3-52。

　　① 在机械手执行放下工件的工作步中，调用"放下工件"子程序；在执行抓取工件的工作步中，调用"抓取工件"子程序。这两个子程序都带有 BOOL 输出参数，当抓取或放

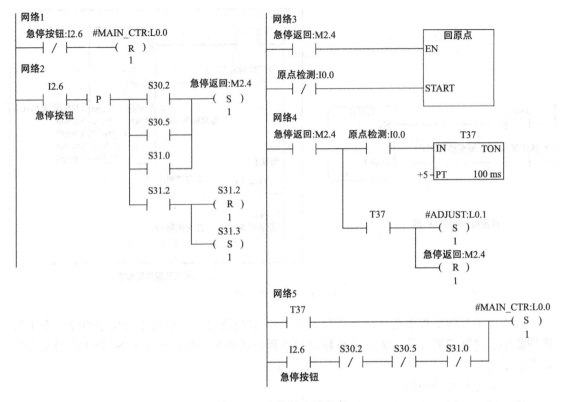

图 3-50 急停处理子程序

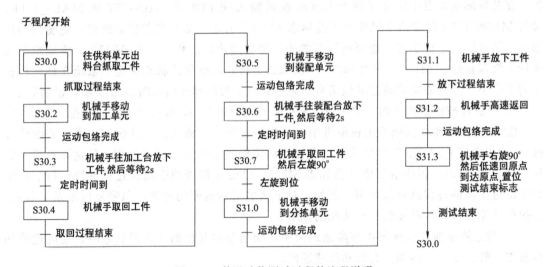

图 3-51 传送功能测试过程的流程说明

下工作完成时，输出参数为 ON，传递给相应的"放料完成"标志 M4.1 或"抓取完成"标志 M4.0，作为顺序控制程序中步转移的条件。

机械手在不同的阶段抓取工件或放下工件的动作顺序是相同的。抓取工件的动作顺序为：手臂伸出→手爪夹紧→提升台上升→手臂缩回。放下工件的动作顺序为：手臂伸出→提升台下降→手爪松开→手臂缩回。采用子程序调用的方法来实现抓取和放下工件的动作控制，使程序编写得以简化。

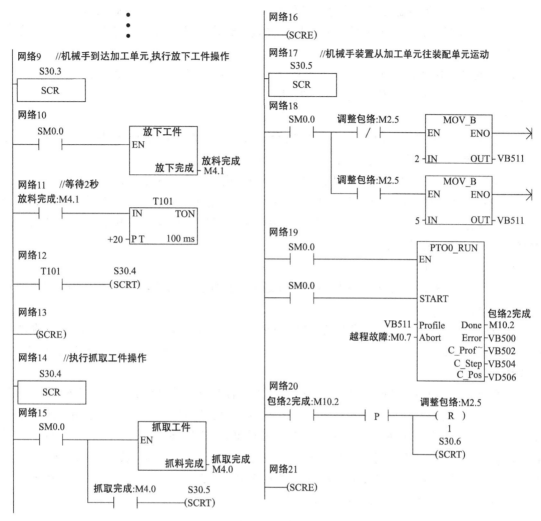

图 3-52　从加工站向装配站的梯形图

② 在 S30.5 步，执行机械手装置从加工单元往装配单元运动的操作，运行的包络有 2 种情况，正常情况下使用包络 2，急停复位回原点后再运行的情况则使用包络 5，选择依据是"调整包络标志"M2.5 的状态，包络完成后使 M2.5 复位。这一操作过程同样适用于机械手装置从供料单元往加工单元或装配单元往分拣单元运动的情况，只是从供料单元往加工单元时不需要调整包络，但包络过程完成后使 M2.5 复位仍然是必需的。

事实上，其他各工步编程中运用的思路和方法，基本上与上述三步类似。按此不难编制出传送功能测试过程的整个程序。"抓取工件"和"放下工件"子程序较为简单，此处不再详述。

3.2.6　各单元站 PLC 网络组建

在前面的任务中，重点介绍了 YL-335B 的各个组成单元在作为独立设备工作时用 PLC 对其实现控制的基本思路，这相当于模拟了一个简单的单体设备的控制过程。本任务将以 YL-335B 出厂例程为实例，介绍如何通过 PLC 实现由几个相对独立的单元组成的一个群体设备（生产线）的控制功能。

YL-335B 系统的控制方式采用每一工作单元由一台 PLC 承担其控制任务，各 PLC 之间通过 RS-485 串行通信实现互联的分布式控制方式。组建成网络后，系统中每一个工作单元也称作工作站。

PLC 网络的具体通信模式，取决于所选厂家的 PLC 类型。YL-335B 的标准配置为：PLC 选用 S7-200 系列，通信方式采用 PPI 协议通信。

（1）西门子 PPI 通信概述

PPI 协议是 S7-200 CPU 最基本的通信方式，通过原来自身的端口（PORT0 或 PORT1）就可以实现通信，是 S7-200 默认的通信方式。

PPI 是一种主从协议通信，主从站在一个令牌环网中，主站发送要求到从站器件，从站器件响应；从站器件不发信息，只是等待主站的要求并对要求作出响应。如果在用户程序中使能 PPI 主站模式，就可以在主站程序中使用网络读写指令来读写从站信息。而从站程序没有必要使用网络读写指令。

（2）实现 PPI 通信的步骤

下面以 YL-335B 各工作站 PLC 实现 PPI 通信的操作步骤为例，说明使用 PPI 协议实现通信的步骤。

① 对网络上每一台 PLC 设置系统块中的通信端口参数，对用作 PPI 通信的端口（PORT0 或 PORT1），指定其地址（站号）和波特率。设置后把系统块下载到该 PLC。具体操作如下。

运行个人电脑上的 STEP7 V4.0（SP5）程序，打开设置端口界面，如图 3-53 所示。利用 PPI/RS-485 编程电缆单独地把输送单元 CPU 系统块里端口 0 设置为 1 号站，波特率为了 19.2kbps，如图 3-54 所示。同样方法设置供料单元 CPU 端口 0 为 2 号站，波特率为了 19.2kbps；加工单元 CPU 端口 0 为 3 号站，波特率为了 19.2kbps；装配单元 CPU 端口 0 为 4 号站，波特率为了 19.2kbps；最后设置分拣单元 CPU 端口 0 为 5 号站，波特率为了 19.2kbps。分别把系统块下载到相应的 CPU 中。

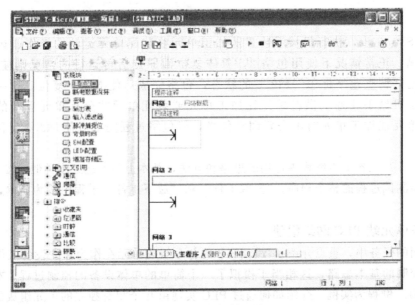

图 3-53　打开设置端口界面

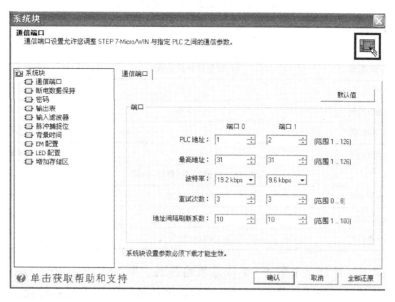

图 3-54　设置输送站 PLC 端口 0 参数

② 利用网络接头和网络线把各台 PLC 中用作 PPI 通信的端口 0 连接，所使用的网络接头中，2♯～5♯站用的是标准网络连接器，1♯站用的是带编程接口的连接器。该编程口通过 RS-232/PPI 多主站电缆与个人计算机连接。

然后利用 STEP7 V4.0 软件和 PPI/RS-485 编程电缆搜索出 PPI 网络的 5 个站，如图 3-55 所示。

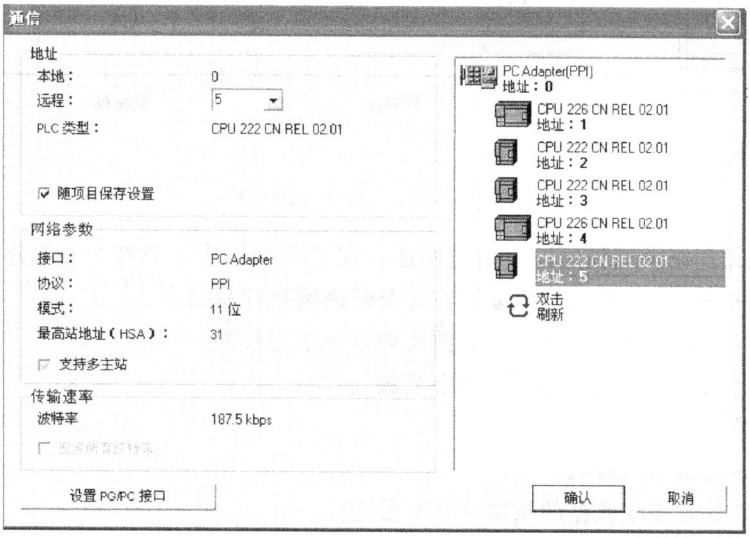

图 3-55　PPI 网络上的 5 个站

图 3-55 表明，5 个站已经完成 PPI 网络连接。

③ PPI 网络中主站（输送站）PLC 程序中，必须在上电第 1 个扫描周期用特殊存储器 SMB30 指定其主站属性，从而使能其主站模式。SMB30 是 S7-200 PLC PORT0 自由通信口的控制字节，各位表达的意义如表 3-12 所示。

表 3-12 SMB30 各位表达的意义

bit7	bit6	bit5	bit4	bit3	bit2	bit1	bit0
p	p	d	b	b	b	m	m
pp:校验选择			d:每个字符的数据位			mm:协议选择	
00＝不校验			0＝8 位			00＝PPI/从站模式	
01＝偶校验			1＝7 位			01＝自由口模式	
10＝不校验						10＝PPI/主站模式	
11＝奇校验						11＝保留（未用）	
bbb:自由口波特率（单位:bps）							
000＝38400			011＝4800			110＝115.2k	
001＝19200			100＝2400			111＝57.6k	
010＝9600			101＝1200				

在 PPI 模式下，控制字节的 2～7 位是忽略掉的，即 SMB30＝00000010，定义 PPI 主站。SMB30 中协议选择缺省值是 00＝PPI 从站，因此从站侧不需要初始化。YL-335B 系统的出厂配置中，把触摸屏连接到输送单元 PLC（S7-226CN）的 PORT1 口，以提供系统的主令信号。因此在网络中输送站是指定为主站的，其余各站均指定为从站。图 3-56 所示为 YL-335B 的 PPI 网络。

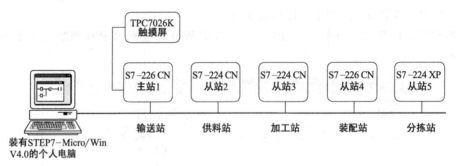

图 3-56 YL-335B 的 PPI 网络

④ 编写主站网络读写程序段。如前所述，在 PPI 网络中，只有主站程序中使用网络读写指令来读写从站信息。而从站程序没有必要使用网络读写指令。

在编写主站的网络读写程序前，应预先规划好下面数据。

- 主站向各从站发送数据的长度（字节数）。
- 发送的数据位于主站何处。
- 数据发送到从站的何处。
- 主站从各从站接收数据的长度（字节数）。
- 主站从从站的何处读取数据。
- 接收到的数据放在主站何处。

以上数据应根据系统工作要求、信息交换量等统一筹划。考虑 YL-335B 中各工作站 PLC 所需交换的信息量不大，主站向各从站发送的数据只是主令信号，从从站读取的也只是各从站状态信息，发送和接收的数据均为 1 个字（2 个字节）已经足够。作为例子，所规划的数据如表 3-13 所示。

表 3-13 网络读写数据规划实例

输送站	供料站	加工站	装配站	分拣站
1#站(主站)	2#站(从站)	3#站(从站)	4#站(从站)	5#站(从站)
发送数据的长度	2字节	2字节	2字节	2字节
从主站何处发送	VB1000	VB1000	VB1000	VB1000
发往从站何处	VB1000	VB1000	VB1000	VB1000
接收数据的长度	2字节	2字节	2字节	2字节
数据来自从站何处	VB1010	VB1010	VB1010	VB1010
数据存到主站何处	VB1200	VB1204	VB1208	VB1212

网络读写指令可以向远程站发送或接收 16 个字节的信息，在 CPU 内同一时间最多可以有 8 条指令被激活。YL-335B 有 4 个从站，因此考虑同时激活 4 条网络读指令和 4 条网络写指令。

根据上述数据，即可编制主站的网络读写程序。但更简便的方法是借助网络读写向导程序。这一向导程序可以快速简单地配置复杂的网络读写指令操作，为所需的功能提供一系列选项。一旦完成，向导将为所选配置生成程序代码，并初始化指定的 PLC 为 PPI 主站模式，同时使能网络读写操作。

要启动网络读写向导程序，在 STEP7 V4.0 软件命令菜单中选择工具→指令导向，并且在指令向导窗口中选择 NETR/NETW（网络读写），单击"下一步"后，就会出现 NETR/NETW 指令向导界面，如图 3-57 所示。

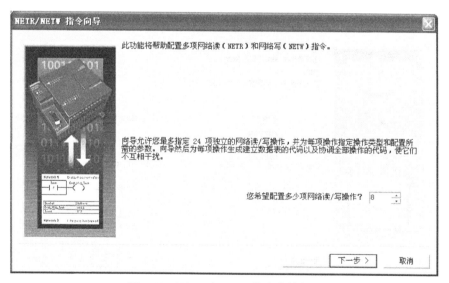

图 3-57 NETR/NETW 指令向导界面

本界面和紧接着的下一个界面，将要求用户提供希望配置的网络读写操作总数、指定进行读写操作的通信端口、指定配置完成后生成的子程序名字，完成这些设置后，将进入对具体每一条网络读或写指令的参数进行配置的界面。

在本例子中，8 项网络读写操作如下安排：第 1～4 项为网络写操作，主站向各从站发送数据；第 5～8 项为网络读操作，主站读取各从站数据。图 3-58 为第 1 项操作配置界面，选择 NETW 操作，按表 3-13 中，主站（输送站）向各从站发送的数据都位于主站 PLC 的 VB1000～VB1001 处，所有从站都在其 PLC 的 VB1000～VB1001 处接收数据。所以前 4 项填写都是相同的，仅站号不一样。

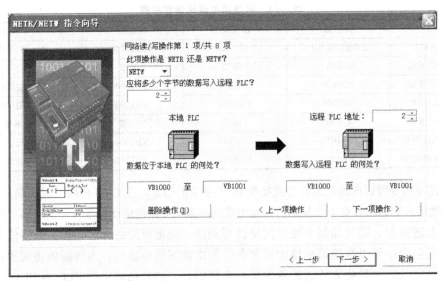

图 3-58　对供料单元的网络写操作

完成前 4 项数据填写后，再单击"下一项操作"，进入第 5 项配置，5～8 项都是选择网络读操作，按表 3-13 中各站规划逐项填写数据，直至 8 项操作配置完成。图 3-59 所示是对 2♯从站（供料单元）的网络写操作配置。

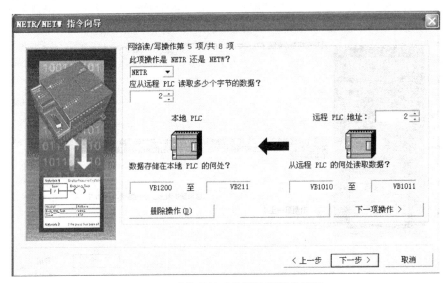

图 3-59　对供料单元的网络写操作配置

8 项配置完成后，单击"下一步"，向导程序将要求指定一个 V 存储区的起始地址，以便将此配置放入 V 存储区。这时若在选择框中填入一个 VB 值（例如，VB100），或单击"建议地址"，程序自动建议一个大小合适且未使用的 V 存储区地址范围，如图 3-60 所示。

单击"下一步"，全部配置完成，向导将为所选的配置生成项目组件，如图 3-61 所示。修改或确认图中各栏目后，点击"完成"，借助网络读写向导程序配置网络读写操作的工作结束。这时，指令向导界面将消失，程序编辑器窗口将增加 NET_EXE 子程序标记。

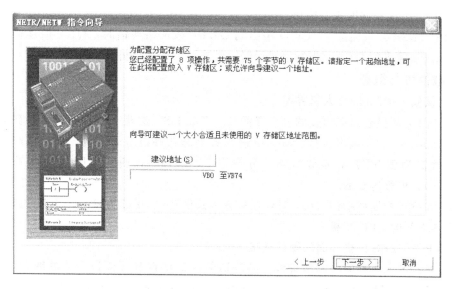

图 3-60　为配置分配存储区

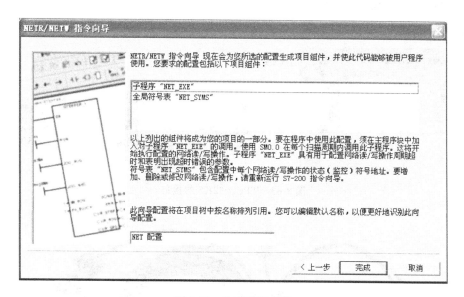

图 3-61　生成项目组件

要在程序中使用上面所完成的配置，需在主程序块中加入对子程序"NET_EXE"的调用。使用 SM0.0 在每个扫描周期内调用此子程序，将开始执行配置的网络读/写操作。梯形图如图 3-62 所示。

由图可见，NET_EXE 有 Timeout、Cycle、Error 等几个参数，它们的含义如下。

• Timeout：设定通信超时时限，1～32767s，若＝0，则不计时。

• Cycle：输出开关量，所有网络读/写操作每完成一次切换状态输出一次。

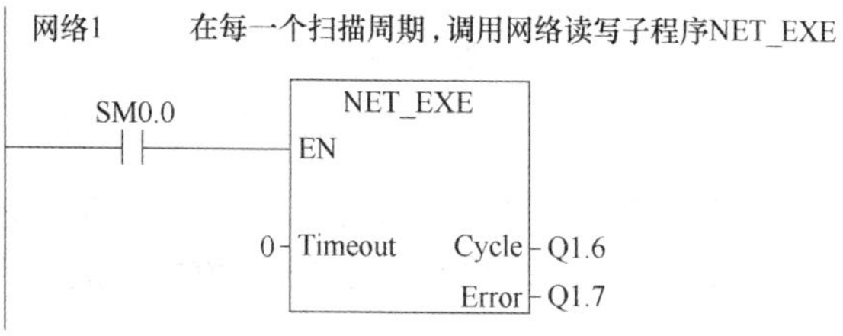

网络1　　在每一个扫描周期，调用网络读写子程序NET_EXE

```
        NET_EXE
SM0.0   ┤ ├── EN

   0 ─ Timeout   Cycle ─ Q1.6
                 Error ─ Q1.7
```

图 3-62　子程序 NET_EXE 的调用

• Error：发生错误时报警输出。

本例中 Timeout 设定为 0，Cycle 输出到 Q1.6，故网络通信时，Q1.6 所连接的指示灯将闪烁。Error 输出到 Q1.7，当发生错误时，所连接的指示灯将亮。

3.2.7 触摸屏与组态

3.2.7.1 认知 TPC7062KS 人机界面

YL-335B 采用昆仑通态研发的人机界面 TPC7062KS。这是一款在实时多任务嵌入式操作系统 Windows CE 环境中运行、MCGS 嵌入式组态软件组态的人机界面。该产品设计采用了 7 英寸高亮度 TFT 液晶显示屏（分辨率 800×480），四线电阻式触摸屏（分辨率 4096×4096），色彩达 64K。

TPC7062KS 的硬件结构采用 ARM 结构嵌入式低功耗 CPU 为核心，主频 400MHz，存储空间为 64MB 的 CPU 主板。

（1）TPC7062KS 人机界面的硬件连接

TPC7062KS 人机界面的电源进线、各种通信接口均在其背面进行，如图 3-63。其中，USB1 口用来连接鼠标和 U 盘等，USB2 口用作工程项目下载，COM（RS-232）用来连接 PLC。下载线和通信线如图 3-64。

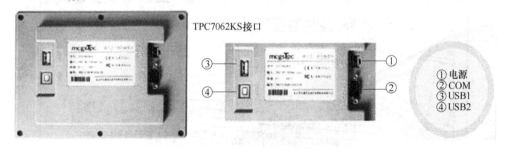

图 3-63　TPC7062KS 的接口

屏下载线　　　　　屏和S7-200通信线

图 3-64　下载线和通信线

（2）TPC7062KS 触摸屏与个人计算机的连接

在 YL-335B 上，TPC7062KS 触摸屏是通过 USB2 口与个人计算机连接的，连接以前，个人计算机应先安装 MCGS 组态软件。当需要在 MCGS 组态软件上把资料下载到 HMI 时，只要在下载配置里选择"连接运行"，单击"工程下载"即可进行下载，如图 3-65 所示。如果工程项目要在电脑模拟测试，则选择"模拟运行"，然后下载工程。

（3）TPC7062KS 触摸屏与 S7-200 PLC 的连接

在 YL-335B 中，触摸屏通过 COM 口直接与输送站的 PLC（PORT1）的编程口连接。所使用的通信线采用西门子 PC-PPI 电缆。PC-PPI 电缆把 RS-232 转为 RS-485。PC-PPI 电缆 9 针母头插在屏侧，9 针公头插在 PLC 侧。

为了实现正常通信，除了正确进行硬件连接，尚须对触摸屏的串行口 0 属性进行设置，这将在设备窗口组态中实现，设置方法将在后面的工作任务中详细说明。

3.2.7.2　触摸屏设备组态

为了通过触摸屏设备操作机器或系统，必须给触摸屏设备组态用户界面，该过程称为"组态阶段"。系统组态就是通过 PLC 以"变量"方式进行操作单元与机械设备或过程之间的通信。变量值写入

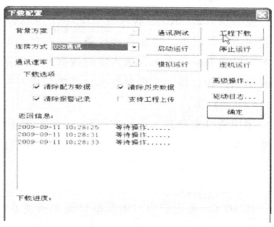

图 3-65　工程下载方法

PLC 上的存储区域（地址），由操作单元从该区域读取。

运行 MCGS 嵌入版组态环境软件，在出现的界面上点击菜单中栏【文件】→【新建工程】，弹出图 3-66 所示界面。MCGS 嵌入版用"工作台"窗口来管理构成用户应用系统的五个部分。工作台上有五个标签：主控窗口、设备窗口、用户窗口、实时数据库和运行策略，

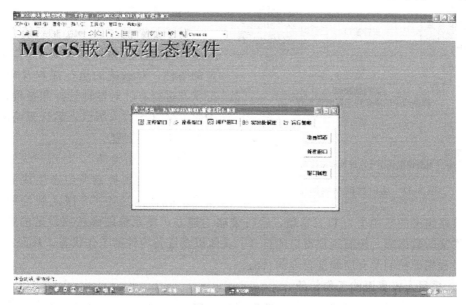

图 3-66　工作台

对应于五个不同的窗口页面，每一个页面负责管理用户应用系统的一个部分，用鼠标单击不同的标签可选取不同窗口页面，对应用系统的相应部分进行组态操作。

（1）主控窗口

MCGS 嵌入版的主控窗口是组态工程的主窗口，是所有设备窗口和用户窗口的父窗口，它相当于一个大的容器，可以放置一个设备窗口和多个用户窗口，负责这些窗口的管理和调度，并调度用户策略的运行。同时，主控窗口又是组态工程结构的主框架，可在主控窗口内设置系统运行流程及特征参数，方便用户的操作。

（2）设备窗口

设备窗口是 MCGS 嵌入版系统与作为测控对象的外部设备建立联系的后台作业环境，负责驱动外部设备，控制外部设备的工作状态。系统通过设备与数据之间的通道，把外部设备的运行数据采集进来，送入实时数据库，供系统其他部分调用，并且把实时数据库中的数据输出到外部设备，实现对外部设备的操作与控制。

（3）用户窗口

用户窗口本身是一个"容器"，用来放置各种图形对象（图元、图符和动画构件），不同的图形对象对应不同的功能。通过对用户窗口内多个图形对象的组态，生成漂亮的图形界面，为实现动画显示效果做准备。

（4）实时数据库

在 MCGS 嵌入版中，用数据对象来描述系统中的实时数据，用对象变量代替传统意义上的值变量，把数据库技术管理的所有数据对象的集合称为实时数据库。实时数据库是 MCGS 嵌入版系统的核心，是应用系统的数据处理中心。系统各个部分均以实时数据库为公用区交换数据，实现各个部分协调动作。

设备窗口通过设备构件驱动外部设备，将采集的数据送入实时数据库；由用户窗口组成的图形对象，与实时数据库中的数据对象建立连接关系，以动画形式实现数据的可视化；运行策略通过策略构件，对数据进行操作和处理。如图 3-67 所示。

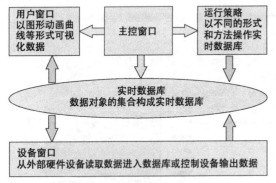

图 3-67　实时数据库数据流图

（5）运行策略

对于复杂的工程，监控系统必须设计成多分支、多层循环嵌套式结构，按照预定的条件，对系统的运行流程及设备的运行状态进行有针对性地选择和精确地控制。为此，MCGS 嵌入版引入运行策略的概念，用以解决上述问题。

所谓"运行策略"，是用户为实现对系统运行流程自由控制所组态生成的一系列功能块的总称。MCGS 嵌入版为用户提供了进行策略组态的专用窗口和工具箱。运行策略的建立，使系统能够按照设定的顺序和条件，操作实时数据库，控制用户窗口的打开、关闭以及设备构件的工作状态，从而实现对系统工作过程精确控制及有序调度管理的目的。

3.2.7.3　采用人机界面的工作任务

为了进一步说明人机界面组态的具体方法和步骤，下面给出一个在 3.2.4 节举例基础上稍作修改的，由人机界面提供主令信号并显示系统工作状态的工作任务。

① 设备的工作目标、上电和气源接通后的初始位置，具体的分拣要求，均与原工作任务相同，启/停操作和工作状态指示，不通过按钮指示灯盒操作指示，而是在触摸屏上实现。这时，分拣站的I/O接线原理如图3-68所示。

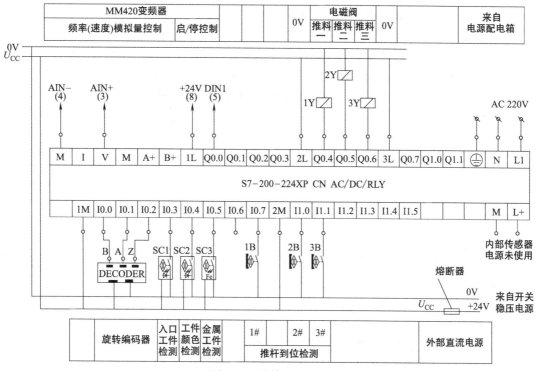

图3-68　分拣站原理图

② 当传送带入料口人工放下已装配的工件时，变频器即启动，驱动传动电动机以触摸屏给定的速度，把工件带往分拣区。频率在40～50Hz可调节。各料槽工件累计数据在触摸屏上给以显示，且数据在触摸屏上可以清零。

分拣站界面如图3-69所示。

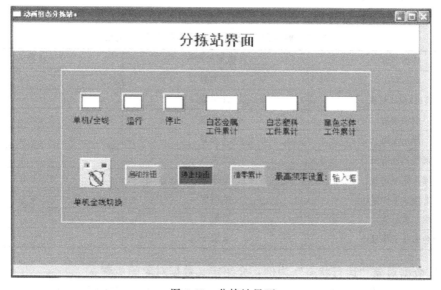

图3-69　分拣站界面

画面中包含了如下方面的内容。

- 状态指示：单机/全线、运行、停止。
- 切换旋钮：单机全线切换。
- 按钮：启动、停止、清零累计按钮。
- 数据输入：变频器输入频率设置。
- 数据输出显示：白芯金属工件累计、白芯塑料工件累计、黑色芯体工件累计。

下面列出了触摸屏组态画面各元件对应 PLC 地址，如表 3-14。

表 3-14　触摸屏组态画面各元件对应 PLC 地址

元件类别	名称	输入地址	输出地址	备注
位状态切换开关	单机/全线切换	M0.1	M0.1	
位状态开关	启动按钮		M0.2	
	停止按钮		M0.3	
	清零累计按钮		M0.4	
位状态指示灯	单机/全线指示灯	M0.1	M0.1	
	运行指示灯		M0.0	
	停止指示灯		M0.0	
数据输入元件	变频器频率给定	VW1002	VW1002	最小值 40，最大值 50
数据输出元件	白芯金属工件累计	VW70		
	白芯塑料工件累计	VW72		
	黑色芯体工件累计	VW74		

接下来给出人机界面的组态步骤和方法。

(1) 创建工程

TPC 类型中如果找不到"TPC7062KS"的话，则请选择"TPC7062K"，工程名称为"335B-分拣站"。

(2) 定义数据对象

根据表 3-14 定义数据对象，所有的数据对象如表 3-15 所列。

表 3-15　触摸屏组态画面各元件对应 PLC 地址

数据名称	数据类型	注释
运行状态	开关型	
单机/全线切换	开关型	
启动按钮	开关型	
停止按钮	开关型	
清零累计按钮	开关型	
输入频率设置	数值型	
白芯金属工件累计	数值型	
白芯塑料累计	数值型	
黑色芯体工作累计	数值型	

下面以数据对象"运行状态"为例，介绍定义数据对象的步骤。

① 单击工作台中的"实时数据库"窗口标签，进入实时数据库窗口页。

② 单击"新增对象"按钮，在窗口的数据对象列表中，增加新的数据对象，系统缺省定义的名称为"Data1"、"Data2"、"Data3"等（多次点击该按钮，则可增加多个数据对象）。

③ 选中对象，按"对象属性"按钮，或双击选中对象，则打开"数据对象属性设置"窗口。

④ 将对象名称改为："运行状态"；对象类型选择为"开关型"；单击"确认"按钮。按照此步骤，根据上面列表，设置其他数据对象。

（3）设备连接

为了能够使触摸屏和PLC通信连接上，需把定义好的数据对象和PLC内部变量进行连接，具体操作步骤如下。

① 在"设备窗口"中双击"设备窗口"图标进入。

② 点击工具条中的"工具箱"图标，打开"设备工具箱"。

③ 在可选设备列表中，双击"通用串口父设备"，然后双击"西门子_S7200PPI"，在下方出现"通用串口父设备"—"西门子_S7200PPI"，如图3-70。

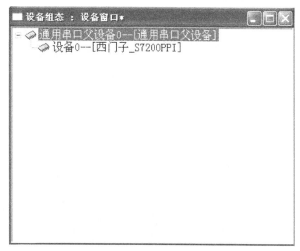

图 3-70　设备组态

④ 双击"通用串口父设备"，进入通用串口父设备的基本属性设置，如图3-71，作如下设置。

• 串口端口号（1~255）设置为：0-COM1。

图 3-71　通用串口设置

- 通信波特率设置为：8~19200。
- 数据校验方式设置为：2-偶校验。
- 其他设置为默认。

⑤ 双击"西门子_S7200PPI"，进入设备编辑窗口，如图 3-72 所示。默认右窗口自动生产通道名称 I0.0~I0.7，可以单击"删除全部通道"按钮删除。

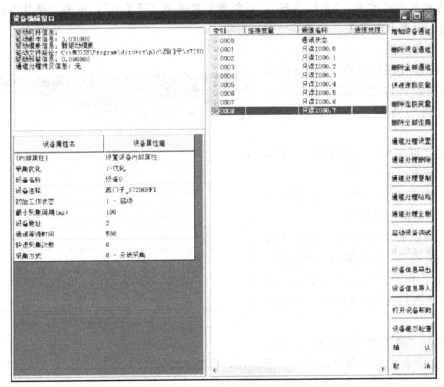

图 3-72　设备编辑窗口

⑥ 接下进行变量的连接，这里以"运行状态"变量为例说明。

- 单击"增加设备通道"按钮，出现图 3-73 所示窗口。参数设置如下。

通道类型：M 寄存器。

数据类型：通道的第 00 位。

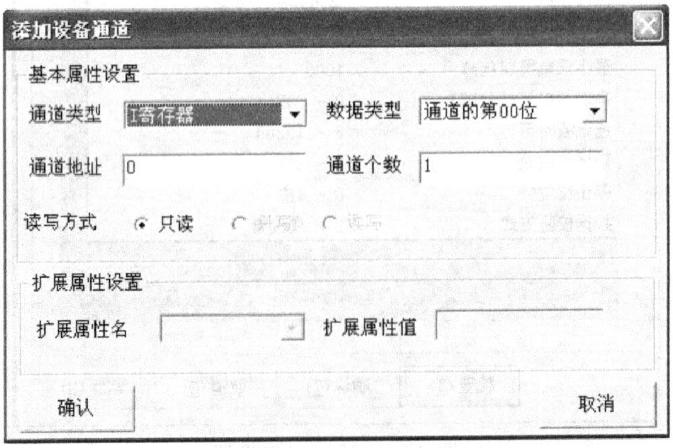

图 3-73　添加通道

通道地址：0。

通道个数：1。

读写方式：只读。

•单击"确认"按钮，完成基本属性设置。

•双击"只读M0.0"通道对应的连接变量，从数据中心选择变量"运行状态"。用同样的方法，增加其他通道，连接变量，如图3-74所示，完成后单击"确认"按钮。

（4）画面和元件的制作

① 新建画面以及属性设置。

索引	连接变量	通道名称	通道处理
0000		通讯状态	
0001	运行状态	只读M000.0	
0002	单机全线切换	读写M000.1	
0003	启动按钮	只写M000.2	
0004	停止按钮	只写M000.3	
0005	数据清零按钮	只写M000.4	
0006	最高频率设置	只写VWUB072	
0007	白色金属料累计	只写VWUB074	
0008	白色非金属…	只写VWUB076	
0009	黑色非金属…	读写VWUB1002	

图 3-74　通道连接

•在"用户窗口"中单击"新建窗口"按钮，建立"窗口0"。选中"窗口0"，单击"窗口属性"按钮，进入用户窗口属性设置。将窗口名称改为"分拣画面"；窗口标题改为"分拣画面"。单击"窗口背景"，在"其他颜色"中选择所需的颜色，如图3-75。

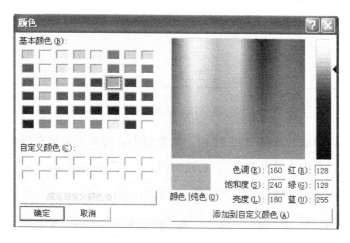

图 3-75　背景颜色

② 制作文字框图：以标题文字的制作为例说明。

•单击工具条中的"工具箱"按钮，打开绘图工具箱。

•选择"工具箱"内的"标签"按钮，鼠标的光标呈"十"字形，在窗口顶端中心位置拖拽鼠标，根据需要拉出一个大小适合的矩形。

•在光标闪烁位置输入文字"分拣站界面"，按回车键或在窗口任意位置用鼠标点击一下，文字输入完毕。

•选中文字框，作如下设置。

点击工具条上的"填充色"按钮，设定文字框的背景颜色为"白色"。

点击工具条上的"线色"按钮，设置文字框的边线颜色为"没有边线"。

点击工具条上的"字符字体"按钮，设置文字字体为"华文细黑"，字型为"粗体"，大小为"二号"。

点击工具条上的"字符颜色"按钮，将文字颜色设为"藏青色"。

•其他文字框的属性设置如下。

背景颜色：同画面背景颜色。

边线颜色：没有边线。

文字字体为"华文细黑"字型为"常规"字体大小为"二号"；

③ 制作状态指示灯。以"单机/全线"指示灯为例说明。

• 单击绘图工具箱中的"插入元件"图标，弹出"对象元件库管理"对话框，选择指示灯 6，按"确认"按钮。双击指示灯，弹出的对话框如图 3-76 所示。

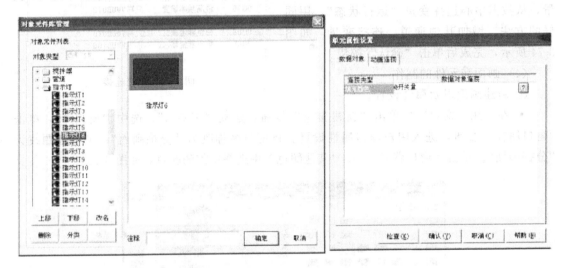

图 3-76　插入元件

• 数据对象中，单击右角的"?"按钮，从数据中心选择"单机全线切换"变量。

• 动画连接中，单击"填充颜色"，右边出现，" > "按钮，如图 3-77 所示。

• 单击" > "按钮，出现如图 3-78 所示对话框。

图 3-77　动画属性

图 3-78　动画组态一

- "属性设置"页中，填充颜色为"白色"。
- "填充颜色"页中，分段点 0 对应颜色为"白色"；分段点 1 对应颜色为"浅绿色"。如图 3-79，单击"确认"按钮完成。

图 3-79　动画组态二

④ 制作切换旋钮。单击绘图工具箱中的"插入元件"图标，弹出"对象元件库管理"对话框，选择开关 6，按"确认"按钮。双击旋钮，弹出如图 3-80 所示对话框。将"数据对象"页的"按钮输入"和"可见度"连接数据对象"单机全线切换"。

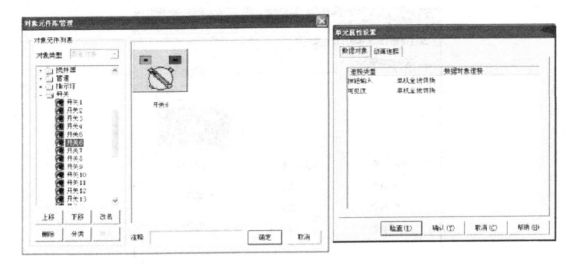

图 3-80   插入切换开关

⑤ 制作按钮。以启动按钮为例，说明如下。

• 单击绘图工具箱中"按钮"图标，在窗口中拖出一个大小合适的按钮，双击按钮，出现如图 3-81 所示窗口，属性设置如下。

图 3-81   按钮属性

• "基本属性"页中，无论是抬起还是按下状态，文本都设置为启动按钮；"抬起功能"属性字体设置为宋体，字体大小设置为五号，背景颜色设置为浅绿色；"按下功能"字体大小设置为小五号，其他同抬起功能。

• "操作属性"页中，抬起功能为数据对象操作清 0，启动按钮；按下功能为数据对象操作置 1，启动按钮。

• 其他为默认。单击"确认"按钮完成。

⑥ 数值输入框。

• 选中"工具箱"中的"输入框"图标，拖动鼠标，绘制1个输入框。

• 双击图标，进行属性设置。只需要设置操作属性。

数据对象名称：最高频率设置。

使用单位：Hz。

最小值：40。

最大值：50。

小数位数：0。

设置结果如图3-82所示。

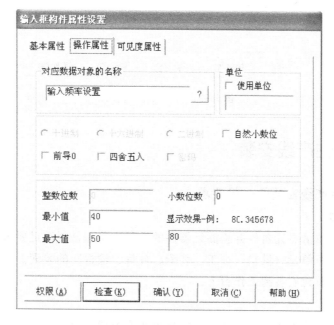

图3-82　输入框属性

⑦ 数据显示，以白芯金属工件累计数据显示为例。

• 选中"工具箱"中的图标，拖动鼠标，绘制1个显示框。

• 双击显示框，出现对话框，在输入输出连接域中，选中"显示输出"选项，在组态属性设置窗口中则会出现"显示输出"标签，如图3-83所示。

• 单击"显示输出"标签，设置显示输出属性。参数设置如下。

表达式：白芯金属工件累计。

单位：个。

输出值类型：数值量输出。

输出格式：十进制。

整数位数：0。

小数位数：0。

• 单击"确认"按钮，制作完毕。

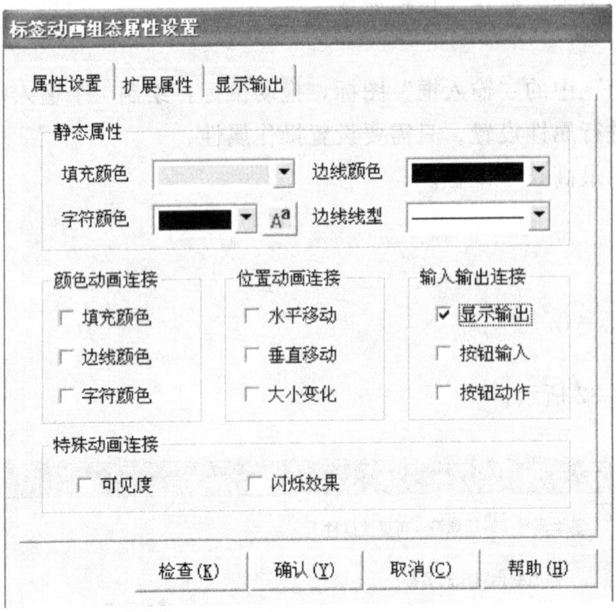

图 3-83　文本框显示输出

3.3　自动化生产线安装

3.3.1　自动化生产线安装的一般要求

3.3.1.1　安装步骤

① 按照原件清单清点元器件并检测元器件的质量和状态是否满足要求。

② 生产线的各个单元（供料、加工、装配、分拣、输送）的装配。

③ 将各个工作单元安装到工作台上。

3.3.1.2　注意事项

① 在空白的自动线工作台上首先安装输送单元的两根直线导轨。

② 将输送单元在工作台上安装好之后，再依次安装供料单元、加工单元、装配单元、分拣单元，各单元的间距要以 YL-335B 自动生产线工作单元安装位置图为准。

③ 以输送单元气动机械手爪完全伸出长度为基准，以其气动摆台旋转 90°、垂直与导轨时手爪中心为基准点，分别于供料单元的物料台挡料导向件中心、加工单元的物料台气动手爪中心、装配单元物料台定位导向座中心对中；分拣单元传送带工件导向件中心与气动摆台旋回的气动手爪中心对中，以此确定各分站底板的间距。

④ 经微调后将各单元用地脚螺栓固定在工作台上。地脚螺栓要先初步固定，待位置确定后再上紧，要注意底板螺栓对角固定。

3.3.1.3　自动化生产线气路的连接的一般要求

（1）YL-335B 自动生产线对气路气源的要求

① 空压机气缸体积应该大于 50L，流量应大于 $0.25 \text{mm}^2/\text{s}$，压力为 $0.6\sim1.0\text{MPa}$，输出压力为 $0\sim0.8\text{MPa}$ 可调。

② 气源的气体需经油水分离器过滤。

③ 自动生产线的空气工作压力要求为 0.6MPa，要求气体洁净、干燥，无水分、油气、灰尘。

④ 自动生产线使用压缩空气注意安全生产，在通气前应先检查气路的气密性。

（2）YL-335B 自动生产线主气路连接

① 先仔细读懂总气路图。

② 自空气压缩机的管路出口，用专用气管与油水分离器的入口连接。

③ 自油水分离器的出口，与主快速三通接头（也可为快速六通接头）的入口连接。

④ 快速三通的出口之一与装配单元电磁阀组汇流排的入口连接；另一出口与分拣单元电磁阀组汇流排的入口相连。

⑤ 快速三通的出口之一与供料单元电磁阀组汇流排的入口连接。

⑥ 快速三通的出口之一与加工单元电磁阀组汇流排的入口连接；另一出口与输送单元电磁阀组汇流排入口连接。

（3）YL-335B 自动生产线各单元的气路连接

从油水分离器出口的快速接头开始，进行自动线各生产单元的气路连接。气动控制回路作为自动线的执行机构，其逻辑控制功能由 PLC 按照工作任务书要求编程实现。

① 分拣单元气路的连接。

② 装配单元气路的连接。

③ 供料单元气路的连接。

④ 加工单元气路的连接。

⑤ 输送单元气路的连接。

注意事项如下。

① 气路连接必须按照自动生产线气路图进行。

② 气管不能够有漏气现象。

③ 气路中的气缸节流阀调整要适当，以不推倒工件为准。

④ 气路气管在连接时不能交叉打折。

⑤ 电磁阀组与气体汇流板的连接要求密封良好，无泄漏。

⑥ 调节回转摆回转角度或摆动位置精度时，回转缸调成可 90°固定角度旋转。

3.3.1.4 自动化生产线电路连接的一般要求

YL-335B 型自动化生产线的供电电源：外部供电电源为三相五线制 AC 380V/220V，总电源开关选用 DZ47LE-32/C32 型三相四线漏电开关。各生产单元电路的连接如下。

（1）供料单元、加工单元、装配单元的电路连接注意事项

① PLC 侧接线端口的接线端子采用两层端子结构。

② 供料单元侧的接线端口的接线端子采用三层端子结构。

③ 供料单元侧接线端口中，输入信号端子的上层端子（＋24V）只能作为传感器的正电源端。

④ 为接线方便，一般应该先接下层端子，后接上层端子。

⑤ 导线端应该处理干净，无线芯外露，裸露铜线不得超过 2mm。

⑥ 导线走向应该平顺有序，不得重叠挤压折曲。

⑦ 供料（加工、装配）单元的按钮/指示灯模块，按照端子接口的规定连接。

（2）分拣单元的电路连接注意事项

① PLC 上层端子连接各信号线，底层端子连接 DC24V 电源的＋24V 端和 0V 端。

② 分拣单元上层端子连接 DC24V 电源的＋24V 端，底层端子连接 DC24V 电源的 0V 端。

③ 分拣单元侧接线端口中，输入信号上层端子（＋24V）只能作为传感器的正电源端。

④ 导线端应该处理干净，无线芯外露，裸露铜线不得超过 2mm。

⑤ 导线走向应该平顺有序，不得重叠挤压折曲，顺序凌乱。

⑥ 分拣单元变频器模块面板上的 L1、L2、L3 插孔接三相电源，三相电源线单独布线；三个电动机与三相减速电动机的接线，不能接错电源，否则会损坏变频器。

⑦ 变频器的模拟量输入端按照 PLC I/O 规定的模拟量输出端口连接。

⑧ 分拣单元变频器接地插孔要有可靠保护地线。

⑨ 传送带主动轴同轴旋转编码器的 A，B，Z 相输出线电源输入为 DC24V。

⑩ 分拣单元的按钮/指示灯模块，按照端子接口的规定连接。

（3）输送单元的电路连接注意事项

① PLC 侧接线端子采用两层端子结构，上层端子连接各信号线，底层端子连接 DC24V 电源的＋24V 端和 0V 端。

② 输送单元侧接线端子采用三层端子结构，上层端子用以连接 DC24V 电源的＋24V 端，底层端子用以连接 DC24V 电源的 0V 端，中间层端子用以连接各信号线。

③ 输送单元侧的接线端口和 PLC 侧的接线端口之间通过专用电缆连接。其中 25 针接头电缆连接 PLC 的输入信号，15 针接头电缆连接 PLC 的输出信号。

④ 输送单元工作的 DC24V 直流电源，是通过专用电缆由 PLC 侧的接线端子提供，经接线端子排引到加工站上。

⑤ 按照输送单元 PLC 的 I/O 接线原理图和规定的 I/O 地址接线。

⑥ 导线线端应该处理干净，无线芯外露，裸露铜线不得超过 2mm。导线在端子上的压接，以用手稍用力外拉不动为宜。

⑦ 导线走向应该平顺有序，不得重叠挤压折曲，顺序凌乱。

⑧ 电气管线在拖拽中不能相互交叉、打折、纠结，要有序排布，并用尼龙扎带绑扎。

⑨ 进行松下 MINAS A4 系列伺服电动机驱动器接线时，驱动器上的 L1、L2 要与 AC220V 电源相连；U、V、W、D 端与伺服电动机电源端连接。接地端一定要可靠连接保护地线。

⑩ TPC7062K 人机界面（触摸屏）可以通过 SIEMENS S7-200 系列 PLC（包含 CPU 221/CPU 222/CPU 224/CPU 226 等型号）CPU 单元上的编程通信口（PPI 端口）与 PLC 连接。

3.3.2　供料单元安装示例

（1）供料单元的部件机械组装

首先把供料站各零件组合成整体安装时的组件，然后把组件进行组装。所组合成的组件包括：铝合金型材支承架组件；出料台及料仓底座组件；推料机构组件。如图 3-84 所示。

各组件装配好后，用螺栓把它们连接为总体，再用橡皮锤把装料管敲入料仓底座。然后将连接好的供料站机械部分以及电磁阀组、PLC 和接线端子排固定在底板上，最后固定底板完成供料站的安装。

安装过程中应注意以下问题。

铝合金型材支承架　　　　　　物料台及料仓底座　　　　　　推料机构

图 3-84　供料单元组件

① 装配铝合金型材支承架时，注意调整好各条边的平行及垂直度，锁紧螺栓。

② 气缸安装板和铝合金型材支承架的连接是靠预先在特定位置的铝型材"T"形槽中放置预留与之相配的螺母，因此在对该部分的铝合金型材进行连接时，一定要在相应的位置放置相应的螺母。如果没有放置螺母或没有放置足够多的螺母，将造成无法安装或安装不可靠。

③ 机械机构固定在底板上的时候，需要将底板移动到操作台的边缘，螺栓从底板的反面拧入，将底板和机械机构部分的支承型材连接起来。

（2）供料单元的气动系统安装

连接步骤：从汇流排开始，按图 3-85 所示的气动控制回路原理图连接电磁阀、气缸。连接时注意气管走向应按序排布，均匀美观，不能交叉、打折；气管要在快速接头中插紧，不能够有漏气现象。

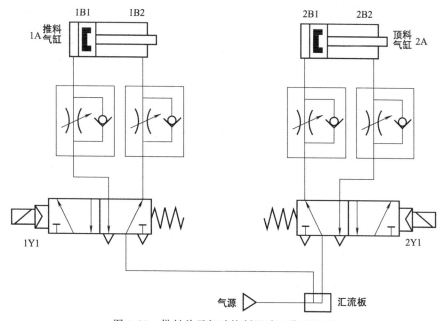

图 3-85　供料单元气动控制回路工作原理图

（3）供料单元的电气系统安装

电气接线包括在工作单元装置侧完成各传感器、电磁阀、电源端子等引线到装置侧接线端口之间的接线；在 PLC 侧进行电源连接、I/O 点接线等。

供料单元装置侧的接线端口上各电磁阀和传感器的引线安排如表 3-16 所示。

表 3-16　供料单元装置侧的接线端口信号端子的分配

输入端口中间层			输出端口中间层		
端子号	设备符号	信号线	端子号	设备符号	信号线
2	1B1	顶料到位	2	1Y	顶料电磁阀
3	1B2	顶料复位	3	2Y	推料电磁阀
4	2B1	推料到位			
5	2B2	推料复位			
6	SC1	出料台物料检测			
7	SC2	物料不足检测			
8	SC3	物料有无检测			
9	SC4	金属材料检测			
10#～17#端子没有连接			4#～14#端子没有连接		

接线时应注意，装置侧接线端口中，输入信号端子的上层端子（＋24V）只能作为传感器的正电源端，切勿用于电磁阀等执行元件的负载。电磁阀等执行元件的正电源端和 0V 端应连接到输出信号端子下层的相应端子上。装置侧接线完成后，应用扎带绑扎，力求整齐美观。

PLC 侧的接线包括电源接线、PLC 的 I/O 点和 PLC 侧接线端口之间的连线、PLC 的 I/O 点与按钮指示灯模块的端子之间的连线。根据工作单元装置的 I/O 信号分配（表 3-16）和工作任务的要求，供料单元 PLC 选用 S7-224 AC/DC/RLY 主单元，共 14 点输入和 10 点继电器输出。PLC 的 I/O 信号表如表 3-17 所示，接线原理图如图 3-86。

表 3-17　供料单元 PLC 的 I/O 信号表

输入信号				输出信号			
序号	PLC 输入点	信号名称	信号来源	序号	PLC 输出点	信号名称	信号来源
1	I0.0	顶料气缸伸出到位	装置侧	1	Q0.0	顶料电磁阀	装置侧
2	I0.1	顶料气缸缩回到位		2	Q0.1	推料电磁阀	
3	I0.2	推料气缸伸出到位		3	Q0.2		
4	I0.3	推料气缸缩回到位		4	Q0.3		
5	I0.4	出料台物料检测		5	Q0.1		
6	I0.5	供料不足检测		6	Q0.5		
7	I0.6	缺料检测		7	Q0.6		
8	I0.7	金属工件检测		8	Q0.7		
9	I1.0			9	Q1.0	正常工作指示	按钮/指示灯模块
10	I1.1			10	Q1.1	运行指示	
11	I1.2	停止按钮	按钮/指示灯模块				
12	I1.3	启动按钮					
13	I1.4						
14	I1.5	工作方式选择					

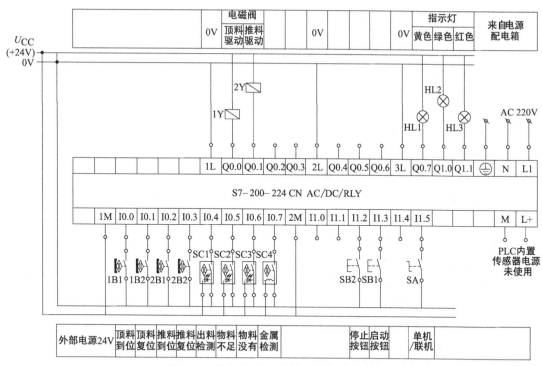

图 3-86 供料单元 PLC 的 I/O 接线原理图

电气接线的工艺应符合国家职业标准的规定，例如导线连接到端子时，采用压紧端子压接方法；连接线需有符合规定的标号；每一端子连接的导线不超过 2 根等。

3.4 自动化生产线调试步骤

3.4.1 自动化生产线调试的一般步骤

自动化生产线调试的一般步骤为：单机通电、单机空载试车、单机加料试车、整体联动空车加电，整体生产线投料试车。

单机通电运行前，对电气部分重新检查，确保无短路和断路、接地良好等，使设备在独立的工作状态，断开与相关设备的连接。

整体联动时，要注意设备的机械传动是否有噪声、异响、电动机负荷异常，温度传感器、位移传感器等在控制面板的指示是否正常，工作步骤的逻辑关系是否正确，成品的温度、外观、成型等参数是否符合工艺要求等。

3.4.2 YL-335B型自动生产线的调试步骤

YL-335B型自动生产线系统的工作模式分为单站工作和全线运行模式。

从单站工作模式切换到全线运行方式的条件是：各工作站均处于停止状态，各站的按钮/指示灯模块上的工作方式选择开关置于全线模式，此时若人机界面中选择开关切换到全线运行模式，系统进入全线运行状态。

要从全线运行方式切换到单站工作模式，仅限当前工作周期完成后人机界面中选择开关切换到单站运行模式才有效。

在全线运行方式下，各工作站仅通过网络接受来自人机界面的主令信号，除主站急停按钮外，所有本站主令信号无效。

3.4.2.1　单站运行调试

手动工作模式（单站工作模式）可以对各单元进行分步测试。测试步骤如下。

① 分拣单元的手动测试。

② 供料单元的手动测试。

③ 加工单元的手动测试。

④ 装配单元的手动测试。

⑤ 输送单元的手动测试。

3.4.2.2　系统正常的全线运行模式调试

全线运行模式下各工作站部件的工作顺序以及对输送站机械手装置运行速度的要求，与单站运行模式一致。全线运行步骤如下。

① 系统在上电，PPI网络正常后开始工作。触摸人机界面上的复位按钮，执行复位操作，在复位过程中，绿色警示灯以2Hz的频率闪烁。红色和黄色灯均熄灭。

复位过程包括：使输送站机械手装置回到原点位置和检查各工作站是否处于初始状态。各工作站初始状态是指：

• 各工作单元气动执行元件均处于初始位置；

• 供料单元料仓内有足够的待加工工件；

• 装配单元料仓内有足够的小圆柱零件；

• 输送站的紧急停止按钮未按下。

当输送站机械手装置回到原点位置，且各工作站均处于初始状态，则复位完成，绿色警示灯常亮，表示允许启动系统。这时若触摸人机界面上的启动按钮，系统启动，绿色和黄色警示灯均常亮。

② 供料站的运行。系统启动后，若供料站的出料台上没有工件，则应把工件推到出料台上，并向系统发出出料台上有工件信号。若供料站的料仓内没有工件或工件不足，则向系统发出报警或预警信号。出料台上的工件被输送站机械手取出后，若系统仍然需要推出工件进行加工，则进行下一次推出工件操作。

③ 输送站运行1。当工件推到供料站出料台后，输送站抓取机械手装置应执行抓取供料站工件的操作。动作完成后，伺服电动机驱动机械手装置移动到加工站加工物料台的正前方，把工件放到加工站的加工台上。

④ 加工站运行。加工站加工台的工件被检出后，执行加工过程。当加工好的工件重新送回待料位置时，向系统发出冲压加工完成信号。

⑤ 输送站运行2。系统接收到加工完成信号后，输送站机械手应执行抓取已加工工件的操作。抓取动作完成后，伺服电动机驱动机械手装置移动到装配站物料台的正前方，然后把工件放到装配站物料台上。

⑥ 装配站运行。装配站物料台的传感器检测到工件到来后，开始执行装配过程。装入动作完成后，向系统发出装配完成信号。

如果装配站的料仓或料槽内没有小圆柱工件或工件不足，应向系统发出报警或预警信号。

⑦ 输送站运行3。系统接收到装配完成信号后，输送站机械手应抓取已装配的工件，然后从装配站向分拣站运送工件，到达分拣站传送带上方入料口后把工件放下，然后执行返回

原点的操作。

⑧ 分拣站运行。输送站机械手装置放下工件、缩回到位后，分拣站的变频器即启动，驱动传动电动机以80％输入运行频率（由人机界面指定）的速度，把工件带入分拣区进行分拣，工件分拣原则与单站运行相同。当分拣气缸活塞杆推出工件并返回后，应向系统发出分拣完成信号。

⑨ 仅当分拣站分拣工作完成，并且输送站机械手装置回到原点，系统的一个工作周期才认为结束。如果在工作周期期间没有触摸过停止按钮，系统在延时1s后开始下一周期工作。如果在工作周期期间曾经触摸过停止按钮，系统工作结束，警示灯中黄色灯熄灭，绿色灯仍保持常亮。系统工作结束后若再按下启动按钮，则系统又重新工作。

3.4.2.3　异常工作状态测试

（1）工件供给状态的信号警示

如果产生来自供料站或装配站的"工件不足够"的预报警信号或"工件没有"的报警信号，则系统动作如下。

① 如果发生"工件不足够"的预报警信号，警示灯中红色灯以1Hz的频率闪烁，绿色和黄色灯保持常亮，系统继续工作。

② 如果发生"工件没有"的报警信号，警示灯中红色灯以亮1s，灭0.5s的方式闪烁；黄色灯熄灭，绿色灯保持常亮。

若"工件没有"的报警信号来自供料站，且供料站物料台上已推出工件，系统继续运行，直至完成该工作周期尚未完成的工作。当该工作周期工作结束，系统将停止工作，除非"工件没有"的报警信号消失，系统不能再启动。

若"工件没有"的报警信号来自装配站，且装配站回转台上已落下小圆柱工件，系统继续运行，直至完成该工作周期尚未完成的工作。当该工作周期工作结束，系统将停止工作，除非"工件没有"的报警信号消失，系统不能再启动。

（2）急停与复位

系统工作过程中按下输送站的急停按钮，则输送站立即停车。在急停复位后，应从急停前的断点开始继续运行。但若急停按钮按下时，机械手装置正在向某一目标点移动，则急停复位后输送站机械手装置应首先返回原点位置，然后再向原目标点运动。

3.4.2.4　自动生产线全线运行模式下的故障分析

故障测试步骤如下。

① 检查通信网络系统、主控制回路和警示灯。

② 对系统的复位功能进行检测。

③ 通过运行指示灯检测系统启动运行情况。

④ 检测供料单元供给工件情况。

⑤ 检查输送站能否准确抓取供料站上的工件情况。

⑥ 检测输送站机械手抓取工件从供料站输送到加工站的情况。

⑦ 检查加工单元对工件进行加工的情况。

⑧ 检查输送站将工件从加工站取走的情况。

⑨ 检测输送站的机械手能否将工件准确送到装配单元。

⑩ 检测装配单元的工件装配过程。

⑪ 检测输送单元从装配单元把工件运送到分拣站的过程。

⑫ 测试分拣站的分拣工件过程。

⑬ 检测分拣站工作完成后，输送单元的复位过程。

3.4.2.5　注意事项

① 只有分拣站分拣工作完成，并且输送站机械手装置回到原点，系统的一个工作周期才认为结束。如果在工作周期没有按下过停止按钮，系统在延时 1s 后开始下一周期工作。如果在工作周期曾经按下过停止按钮，系统工作结束，警示灯中黄色灯熄灭，绿色灯仍保持常亮。系统工作结束后若再按下启动按钮，则系统又重新工作。

② 为保证生产线的工作效率和工作精度，检测要求每一工作周期不超过 30s，伺服电动机每转使 12 齿同步轮转一周。

3.5　自动化生产线维护

3.5.1　自动化生产线的各个工作站的维护

① 电路、气路、油路及机械传动部位（如导轨等）工作前后要检查、清理。

② 工作过程要巡检，重点部位要抽检，发现异样要记录，小问题工作前处理（时间不长），大问题做好配件准备。

③ 统一全线停机维修，做好易损件计划，提前更换易损件，防患于未然。

④ 使用软布或刷子对以下部分进行清洁：光电式传感器的镜头、光纤和反射器、接近式传感器的接近面、整个工作站。

3.5.2　自动化生产线的气动系统的维护

（1）气动系统使用注意事项

① 应严格管理压缩空气的质量，开车前后要放掉系统中的冷凝水，定期清洗分水滤气器的滤芯。

② 开车前要检查各调节手柄是否在正确位置，行程阀、行程开关、挡块的位置是否正确、牢固，对导轨、活塞杆等外露部分的配合表面应预先擦拭。

③ 熟悉元件控制机构的操作特点，要注意各元件调节手柄的旋向与压力、流量大小变化的关系，严防调节错误造成事故。

④ 系统使用中应定期检查各部件有无异常现象，各连接部位有无松动；油雾器、气缸、各种阀的活动部位应定期加润滑油。

⑤ 阀的密封元件通常用丁腈橡胶制成，应选择对橡胶无腐蚀作用的透平油作为润滑油（ISOVG32）。即使对无油润滑的元件，一旦用了含油雾润滑的空气后，就不能中断使用。因为润滑油已将原有油脂洗去，中断后会造成润滑不良。

⑥ 设备长期不用时，应将各手柄放松，以免弹簧失效而影响元件的性能。

⑦ 气缸拆下长期不使用时，所有加工表面应涂防锈油，进排气口加防尘塞。

⑧ 元件检修后重新装配时，零件必须清洗干净，特别注意防止密封圈剪切、损坏，注意唇形密封圈的安装方向。

（2）气动系统的维护

为使气动系统能长期稳定地运行，应采取下述定期维护措施。

① 每天应将过滤器中的水排放掉。检查油雾器的油面高度及油雾器调节情况。

② 每周应检查信号发生器上是否有铁屑等杂质沉积。查看调压阀上的压力表。检查油

雾器的工作是否正常。

③ 每三个月检查管道连接处的密封，以免泄漏。更换连接到移动部件上的管道。检查阀口有无泄漏。用肥皂水清洗过滤器内部，并用压缩空气从反方向将其吹干。

④ 每六个月检查气缸内活塞杆的支承点是否磨损，必要时需更换。同时应更换刮板和密封圈。

3.5.3 自动化生产线的液压系统的维护

① 定期对油箱内的油进行检查、过滤、更换。

② 检查冷却器和加热器的工作性能，控制油温。

③ 定期检查更换密封件，防止液压系统泄漏。

④ 定期检查清洗或更换液压件、滤芯、定期检查清洗油箱和管路。

⑤ 严格执行日常点检制度，检查系统的泄漏、噪声、振动、压力、温度等是否正常。

【习题】

3-1 简述 YL-335B 自动化生产线各个工作单元的工作过程。

3-2 编写 YL-335B 自动化生产线各个工作单元的 PLC 程序。

3-3 简述利用西门子 MM420 变频器操作面板（BOP）改变变频器参数的步骤。

3-4 在了解分拣单元结构组成的基础上，将分拣单元的机械部分拆开成组件和零件的形式，然后再组装成原样。

3-5 在了解加工单元结构组成的基础上，将加工单元的机械部分拆开成组件和零件的形式，然后再组装成原样。

3-6 自动化生产线安装完成后，如何检查气动连线、传感器接线是否正确？

3-7 自动化生产线如果在加工过程中出现意外情况如何处理。

3-8 思考如果采用网络控制如何实现？

参 考 文 献

［1］ 电子工程师、第 30 卷第 8 期、光电传感器在自动化生产线上的应用　朱伟，韩服善 2004．8．

［2］ 张勇主编．电机拖动与控制．北京：机械工业出版社，2006．

［3］ 许志军．工业控制组态软件及应用．北京：机械工业出版社，2010．8．

［4］ 章国华．典型生产线原理、安装与调试（西门子 PLC 版本），北京：北京理工大学出版社，2009．

［5］ 吕景泉．自动化生产线安装与调试．第 2 版．北京：中国铁道出版社，2009．

［6］ 吕文元．先进制造设备维修理论、模型和方法．北京：科学出版社，2008．4．

［7］ 韩帮军、范秀敏、马登哲．生产系统设备预防性维修控制策略的仿真优化．计算机集成制造系统，2004，10（7）．

［8］ 叶凯．自动线设备维修方式探讨．设备管理与维修，1994，111（1）．

［9］ 喻洪流．美国流程式自动化生产线设备维修现状与分析．中国设备管理，1999，6．

［10］ 王爪晶．维修电工（高级）．北京：机械工业出版社，2010，9．

［11］ 徐国林．PLC 应用技术．北京：机械工业出版社，2007．2．

［12］ 廖常初．PLC 基础及应用．第 2 版．北京：机械工业出版社，2007．6．